高等职业院校精品教材系列

省级精品课
配套教材

嵌入式系统应用

李军锋　主编

邵　瑛　沈毓骏　副主编

電子工業出版社·

Publishing House of Electronics Industry

北京·BEIJING

内 容 简 介

本书按照教育部新的教学改革要求，以能力为本位，以职业实践为主线，以项目为主体的模块化专业课程体系进行设计，以仿真月球车为中心构建课程内容，主要内容包括嵌入式系统基本概念、嵌入式系统 Linux 开发环境、Linux 操作系统常用命令、ARM 微处理器结构、ARM 微处理器 S3C2440、Linux C 程序开发、嵌入式系统常用接口及通信技术、嵌入式系统设备驱动程序开发等。全书突出课程学习的趣味性、工作任务与知识的一致性，让学生在技能训练过程中掌握知识，增强课程内容与职业岗位能力要求的相关性，增强学生的就业能力、发展能力与创新能力，提高学生参加国家相关嵌入式技能大赛的主动性。

本书为高等职业本专科院校相应课程的教材，也可作为开放大学、成人教育、自学考试、中职学校和培训班的教材，以及嵌入式系统应用工程技术人员的参考书。

本书配有电子教学课件、习题参考答案、C 语言源程序及**精品课网站**，详见前言。

图书在版编目（CIP）数据

嵌入式系统应用/李军锋主编. —北京：电子工业出版社，2015.2

全国高等职业院校规划教材. 精品与示范系列

ISBN 978-7-121-25428-4

Ⅰ. ①嵌… Ⅱ. ①李… Ⅲ. ①微型计算机－系统开发－高等职业教育－教材 Ⅳ. ①TP360.21

中国版本图书馆 CIP 数据核字（2015）第 010899 号

策划编辑：陈健德（E-mail：chenjd@phei.com.cn）

责任编辑：张　京

印　　刷：北京虎彩文化传播有限公司

装　　订：北京虎彩文化传播有限公司

出版发行：电子工业出版社

　　　　　北京市海淀区万寿路 173 信箱　邮编　100036

开　　本：787×1 092　1/16　印张：15.75　字数：403.2 千字

版　　次：2015 年 2 月第 1 版

印　　次：2021 年 12 月第 8 次印刷

定　　价：48.00 元

凡所购买电子工业出版社图书有缺损问题，请向购买书店调换。若书店售缺，请与本社发行部联系，联系及邮购电话：（010）88254888，88258888。

质量投诉请发邮件至 zlts@phei.com.cn，盗版侵权举报请发邮件至 dbqq@phei.com.cn。

本书咨询联系方式：chenjd@phei.com.cn。

前　言

电子类学科是信息技术领域的重要学科，是高新技术产业的重要组成部分，被广泛应用于工业、农业、国防军事等许多领域，在国民经济中发挥着越来越重要的作用，在国民经济的四大支柱产业（节能环保、新一代信息技术、生物、高端装备制造）中，电子类学科是新一代信息技术产业的重要组成部分。嵌入式技术是近年来新兴的热门电子类学科技术，嵌入式系统被定义为以应用为中心、以计算机技术为基础、软/硬件可裁剪，功能、可靠性、成本、体积、功耗严格要求的专用计算机系统。嵌入式系统应用技术已成为当今最热门的研究领域之一，它涵盖了微电子技术、电子信息技术、计算机软件和硬件等多领域技术的综合应用，嵌入式技术应用型人才的需求量很大，是行业职场上的紧缺人才。

本书按照以能力为本位、以职业实践为主线、以项目为主体的模块化专业课程体系进行设计，根据工学结合、理实一体、循序渐进的原则，以仿真月球车为中心构建课程体系，分为四个项目：包括仿真月球车的直线运行控制、仿真月球车的巡迹控制、仿真月球车的图像识别与传输控制。结合嵌入式行业职业技能要求和国家相关技能大赛规则，将仿真月球车作为典型案例是本课程的主要特色。仿真月球车工程案例的实践过程都按照任务驱动的模式进行组织，回归到科学知识和实践技能获取的自然过程。每个项目主要包括以下四个组成部分。

（1）项目概况：介绍项目的基本情况、技术要求及其实现的技术关键。

（2）预备知识：实现项目设计制作所必需的知识，预备知识以"必需、够用"为度。

（3）项目实现：项目实现所需的技术资料、实现步骤、相关的技术要求、撰写技术文件等，梳理项目实践过程中的要点和步骤，便于学生理解和接受。

（4）拓展提高：通过拓展知识提高学生触类旁通、举一反三的能力，便于强化学生的知识和职业能力等。

本书由上海电子信息职业技术学院的李军锋主编和统稿，邵瑛和沈毓骏为副主编并协助统稿。在编写过程中得到电子工程系教师和北京博创科技公司、百科融创公司技术人员的支持与帮助，在此一并表示感谢！

为方便教师教学，本书还配有电子教学课件、习题参考答案、C 语言源程序文件等教学资源，请有此需要的教师登录华信教育资源网（http://www.hxedu.com.cn）免费注册后进行下载，有问题时请在网站留言或与电子工业出版社联系（E-mail:hxedu@phei.com.cn）。读者也可以通过该课程的精品课网站浏览和参考更多的教学资源（http://tkjs.stiei.edu.cn:8081/ec- webpage- show/checkCourseNumber.do?course Number=58711454）。

因时间和作者水平有限，书中的错误在所难免，恳请读者提出宝贵意见。

编者

目 录

项目 1 构建嵌入式系统开发环境 ······ （1）

教学导航 ······ （1）

项目概况 ······ （2）

预备知识 ······ （2）

  1.1 嵌入式系统的组成与应用 ······ （2）

    1.1.1 嵌入式系统的发展 ······ （3）

    1.1.2 嵌入式系统的组成 ······ （4）

    1.1.3 嵌入式系统的应用及特征 ······ （6）

  1.2 嵌入式系统微处理器 ······ （8）

  1.3 嵌入式系统软件的特点与组成 ······ （10）

  1.4 嵌入式系统设计流程与关键技术 ······ （11）

  1.5 嵌入式系统 Linux 开发环境 ······ （13）

  1.6 Linux 操作系统常用命令 ······ （14）

    1.6.1 Linux 文件与目录 ······ （14）

    1.6.2 Linux 文件与目录常用命令 ······ （15）

    1.6.3 输入/输出转向和管道命令 ······ （21）

  项目实现 ······ （22）

    任务 1-1 安装 VMware Workstation ······ （22）

    任务 1-2 在虚拟机上安装 Fedora14 软件 ······ （26）

    任务 1-3 SAMBA 配置 ······ （29）

    任务 1-4 NFS 配置 ······ （32）

    任务 1-5 超级终端配置 ······ （35）

    任务 1-6 交叉编译环境安装 ······ （39）

    任务 1-7 仿真月球车的直线运行控制 ······ （39）

  拓展提高 ······ （40）

  思考与练习题 1 ······ （45）

项目 2 开发嵌入式系统基本软/硬件 ······ （46）

教学导航 ······ （46）

项目概况 ······ （47）

预备知识 ······ （47）

  2.1 ARM 微处理器的结构 ······ （47）

    2.1.1 典型的 ARM 体系结构 ······ （47）

　　　　2.1.2　ARM 微处理器的特点 ·· （49）

　　　　2.1.3　常见 ARM 微处理器 ·· （49）

　　　　2.1.4　ARM 微处理器的寄存器结构 ·· （54）

　　　　2.1.5　ARM 微处理器的异常处理 ··· （58）

　　　　2.1.6　ARM 的存储器结构 ·· （60）

　　　　2.1.7　ARM 微处理器的接口 ·· （61）

　　2.2　ARM 微处理器 S3C2440 ·· （64）

　　　　2.2.1　S3C2440 存储器控制器 ··· （64）

　　　　2.2.2　复位、时钟和电源管理 ·· （65）

　　　　2.2.3　S3C2440 的 I/O 口 ·· （66）

　　　　2.2.4　S3C2440 的中断控制 ·· （67）

　　　　2.2.5　S3C2440 的 DMA 控制 ··· （70）

　　2.3　Linux C 程序开发 ··· （71）

　　　　2.3.1　vi 编辑器的使用 ·· （72）

　　　　2.3.2　gcc 编译器的使用 ·· （75）

　　　　2.3.3　gdb 的使用方法 ·· （78）

　　　　2.3.4　make 工具和 makefile 文件 ·· （80）

　　　　2.3.5　Linux 下多线程程序设计的基本原理 ··· （82）

　　项目实现 ·· （83）

　　　　任务 2-1　嵌入式系统 Linux C 开发 ··· （83）

　　　　任务 2-2　嵌入式系统多线程程序设计 ·· （85）

　　　　任务 2-3　仿真月球车的巡迹控制开发 ·· （90）

　　拓展提高 ·· （102）

　　思考与练习题 2 ··· （124）

项目 3　嵌入式系统常用接口及通信技术 ··· （125）

　　教学导航 ·· （125）

　　项目概况 ·· （126）

　　预备知识 ·· （126）

　　3.1　A/D 与 D/A 接口 ··· （126）

　　　　3.1.1　A/D 接口 ··· （126）

　　　　3.1.2　D/A 接口 ··· （128）

　　3.2　无线通信技术 ·· （129）

　　　　3.2.1　无线通信原理 ·· （129）

　　　　3.2.2　常见无线通信技术分类 ··· （130）

　　3.3　嵌入式系统中图像采集识别控制技术 ·· （133）

　　　　3.3.1　摄像采集原理 ·· （133）

　　　　3.3.2　嵌入式系统中图像识别控制 ··· （134）

　　项目实现 ·· （136）

　　　　任务 3-1　A/D 接口实验 ···（136）

　　　　任务 3-2　仿真月球车的图像识别与传输控制 ·······················（138）

　　拓展提高 ···（163）

　　思考与练习题 3 ···（164）

项目 4　开发嵌入式系统设备驱动程序 ·····································（166）

　　教学导航 ···（166）

　　项目概况 ···（167）

　　预备知识 ···（167）

　　　　4.1　仿真月球车测温控制原理 ·······························（167）

　　　　4.2　仿真月球车测距控制原理 ·······························（168）

　　　　4.3　设备驱动程序设计 ···（169）

　　　　　　4.3.1　Linux 下设备驱动程序 ·······························（169）

　　　　　　4.3.2　设备驱动程序接口及使用方法 ·······················（170）

　　　　4.4　Bootloader 裁剪及移植 ·······································（171）

　　　　　　4.4.1　Bootloader 的概念与工作模式 ·······················（171）

　　　　　　4.4.2　U-Boot 的结构与使用 ·······························（172）

　　　　4.5　Linux 内核移植 ···（176）

　　　　　　4.5.1　Linux 内核 ···（176）

　　　　　　4.5.2　Linux 内核启动简析 ·······························（177）

　　　　　　4.5.3　Linux 内核移植 ·······································（178）

　　　　4.6　Linux 根文件系统移植 ·······································（181）

　　项目实现 ···（187）

　　　　任务 4-1　仿真月球车控制驱动和巡迹驱动 ·······················（187）

　　　　任务 4-2　U-Boot 裁剪及移植 ·································（194）

　　　　任务 4-3　Linux 内核移植 ·······································（207）

　　　　任务 4-4　嵌入式 Linux 根文件系统构建 ·······················（217）

　　　　任务 4-5　仿真月球车测温测距避障控制 ·······················（228）

　　拓展提高 ···（236）

　　思考与练习题 4 ···（242）

参考文献 ···（243）

项目 1　构建嵌入式系统开发环境

教学导航

知识重点	构建嵌入式系统 Linux 开发环境的流程和方法
知识难点	嵌入式系统的基本概念
推荐教学方式	以任务驱动为导向，演示构建嵌入式系统 Linux 开发环境，实现仿真月球车的直线运行控制
建议学时	16 学时
推荐学习方法	动手操作，实现从不会到会、从生手到熟手的转变
必须掌握的理论知识	嵌入式系统的基本概念、组成及应用领域，构建嵌入式系统 Linux 开发环境的流程和方法
必须掌握的技能	构建嵌入式系统 Linux 开发环境，配置常用的网络服务，使用 Linux 操作系统常用命令

本项目以实现仿真月球车的直线运行控制为目标，通过学习嵌入式系统基本理论，构建嵌入式系统的集成开发环境，采用 Linux 操作系统平台在 ARM 板内刻录可执行文件，并设置开机自动运行程序实现仿真月球车的直线运行控制，实现的主要功能包括仿真月球车前进和后退。

仿真月球车实物图如图 1.1 所示。

图 1.1　仿真月球车实物图

预 备 知 识

嵌入式系统的应用日益广泛，可以说无所不在、无处不在，嵌入式系统的快速发展也极大地丰富和延伸了嵌入式系统的概念。然而到底什么是嵌入式系统呢？如何选择和构建嵌入式系统开发环境？下面从嵌入式系统的发展阶段出发，详细地介绍嵌入式的基本概念及其相关知识，为实现本书各项目奠定基础。

1.1　嵌入式系统的组成与应用

嵌入式系统（Embedded System，ES），根据 IEEE（电气和电子工程师协会）的定义，嵌入式系统是"控制、监视或者辅助装置、机器和设备运行的装置"（devices used to control, monitor, or assist the operation of equipment, machinery or plants）。从中可以看出嵌入式系统是软件和硬件的综合体，还可以涵盖机械等附属装置。

目前国内有多种不同的关于嵌入式系统的定义，被业界大多数人所接受的是根据嵌入式系统的特点下的定义："以应用为中心、以计算机技术为基础、软件硬件可裁剪，功能、可靠性、成本、体积、功耗严格要求的专用计算机系统"。"嵌入性"、"专用性"与"计算机系统"是嵌入式系统的三个基本要素和特征。

1.1.1　嵌入式系统的发展

虽然嵌入式系统是近几年才风靡起来的，但是这个概念并非新近才出现。世界上第一个应用的嵌入式系统可以追溯到 20 世纪 60 年代中期的阿波罗导航计算机 AGC（Apollo Guidance Computer）系统，用来完成阿波罗飞船的导航控制。随着微电子技术的发展，嵌入式系统才逐步兴起。综观嵌入式系统的发展历程，从 20 世纪 70 年代单片机的出现到今天各种嵌入式微处理器、微控制器的广泛应用，大致可以分为如下四个阶段：无操作系统阶段、简单操作系统阶段、实时操作系统阶段、面向 Internet 阶段。

1. 无操作系统阶段

嵌入式系统诞生于微型机时代，但微型机的体积、价位、可靠性都难以满足嵌入式系统的应用要求，因此，嵌入式系统开始走芯片化道路，即将计算机做在一个芯片上，从而开创了嵌入式系统独立发展的单片机时代。这个时期的嵌入式系统多应用于各类工业控制设备和武器装备中，一般没有操作系统的支持，只能通过汇编语言对系统进行直接控制，严格地说还谈不上"系统"的概念。主要特点是：系统结构和功能相对单一，存储容量较小，几乎没有用户接口，但使用简便、价格低廉，因而曾经在工业控制领域中得到了非常广泛的应用。

2. 简单操作系统阶段

20 世纪 80 年代，随着微电子工艺水平的提高，IC 制造商开始把嵌入式应用中所需要的微处理器、I/O 接口、串行接口及 RAM、ROM 等部件统统集成到一片 VLSI 中，制造出面向 I/O 设计的微控制器，并一举成为嵌入式系统领域中异军突起的新秀。与此同时，嵌入式系统的程序员也开始基于一些简单的"操作系统"开发嵌入式应用软件，大大缩短了开发周期。主要特点是：出现了大量高可靠、低功耗的嵌入式 CPU（如 Power PC 等），各种简单的嵌入式操作系统开始出现并得到迅速发展。此时的嵌入式操作系统已经初步具有了一定的兼容性和扩展性，内核精巧且效率高，主要用来控制系统负载及监控应用程序的运行。

3. 实时操作系统阶段

20 世纪 90 年代，在分布控制、柔性制造、数字化通信和信息家电等巨大需求的推动下，嵌入式系统进一步飞速发展，而面向实时信号处理算法的 DSP 产品则向着高速度、高精度、低功耗的方向发展。随着硬件实时性要求的提高，嵌入式系统的软件规模也不断扩大，逐渐形成了实时多任务操作系统（RTOS），并开始成为嵌入式系统的主流。以通用型嵌入式实时操作系统为标志的嵌入式系统，如 VxWorks、PalmOS、Windows CE 就是这一阶段的典型代表。主要特点是：操作系统的实时性得到了很大改善，已经能够运行在各种不同类型的微处理器上，具有高度的模块化和扩展性。此时的嵌入式操作系统已经具备了文件和目录管理、设备管理、多任务、网络、图形用户界面（GUI）等功能，并提供了大量的应用程序接口（API），从而使得应用软件的开发变得更加简单。

4. 面向 Internet 阶段

伴随着通用型嵌入式实时操作系统的发展，面向 Internet 网络和特定应用的嵌入式操作系统正日益引起人们的重视，成为重要的发展方向。嵌入式系统与 Internet 的真正结合、嵌入式操作系统与应用设备的无缝结合，代表着嵌入式操作系统发展的未来。现今嵌入式系统的研究和应用的显著变化是：新的微处理器层出不穷，嵌入式操作系统自身结构的设计更加便于移植，能够在短时间内支持更多的微处理器。嵌入式系统的开发成了一项系统工程，开发厂商不仅要提供嵌入式软/硬件系统本身，还要提供强大的硬件开发工具和软件支持包。通用计算机上使用的新技术、新观念开始逐步移植到嵌入式系统中，如嵌入式数据库、移动代理、实时 CORBA 等，嵌入式软件平台得到进一步完善。各类嵌入式 Linux 操作系统迅速发展，由于具有源代码开放、系统内核小、网络结构完整等特点，很适合信息家电等嵌入式系统的需要。网络化、信息化的要求随着 Internet 技术的成熟和带宽的提高而日益突出，也促进了设备功能和结构的复杂性。精简系统内核，优化关键算法，降低功耗和软/硬件成本，提供更加友好的多媒体人机交互界面，也是必然的选择。

1.1.2 嵌入式系统的组成

　　嵌入式系统是专用计算机系统，也是由硬件和软件组成的。嵌入式系统的硬件由嵌入式处理器和嵌入式外围设备组成，它提供了嵌入式系统软件运行的物理平台和通信接口。嵌入式操作系统和嵌入式应用软件是整个系统的控制核心，控制整个系统的运行，提供人机交互信息等。一般而言，整个嵌入式系统的体系结构可以分成四个部分：嵌入式处理器、嵌入式外围设备、嵌入式操作系统和嵌入式应用软件，图 1.2 描述了嵌入式系统的组成结构。

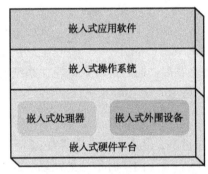

图 1.2　嵌入式系统的组成结构

1. 嵌入式处理器

　　嵌入式系统的核心是各种类型的嵌入式处理器，嵌入式处理器与通用处理器最大的不同点在于，嵌入式 CPU 大多工作在为特定用户群所专门设计的系统中，它将通用 CPU 中许多由板卡完成的任务集成到芯片内部，从而有利于嵌入式系统在设计时趋于小型化，同时还具有很高的效率和可靠性。

　　嵌入式处理器的体系结构经历了从 CISC（复杂指令集）至 RISC（精简指令集）和 Compact RISC 的转变，位数则由 4 位逐步发展到 64 位。目前常用的嵌入式处理器可分为低端的嵌入式微控制器（Micro Controller Unit，MCU）、中高端的嵌入式微处理器（Embedded Micro Processor Unit，EMPU）、用于计算机通信领域的嵌入式 DSP 处理器

（Embedded Digital Signal Processor，EDSP）和高度集成的嵌入式片上系统（System On Chip，SOC）。目前几乎每个半导体制造商都生产嵌入式处理器，并且越来越多的公司开始拥有自主的处理器设计部门，据不完全统计，全世界嵌入式处理器已经超过 1 000 种，流行的体系结构有 30 多个系列，其中以 ARM、PowerPC、MC 68000、MIPS 等使用得最为广泛。

2. 嵌入式外围设备

在嵌入系统硬件系统中，除了中心控制部件（MCU、DSP、EMPU、SOC）以外，用于完成存储、通信、调试、显示等辅助功能的其他部件都可以算作嵌入式外围设备。目前常用的嵌入式外围设备按功能可以分为存储设备、通信设备和显示设备三类。

存储设备主要用于各类数据的存储，常用的有静态易失型存储器（RAM、SRAM）、动态存储器（DRAM）和非易失型存储器（ROM、EPROM、EEPROM、FLASH）三种，其中 FLASH 凭借其可擦写次数多、存储速度快、存储容量大、价格便宜等优点，在嵌入式领域内得到了广泛应用。NOR 技术闪速存储器是最早出现的 Flash Memory，目前仍是多数供应商支持的技术架构，它源于传统的 EPROM 器件。与其他 Flash Memory 技术相比，具有可靠性高、随机读取速度快的优势。在擦除和编程操作较少而直接执行代码的场合，尤其是代码（指令）存储的应用中广泛使用。由于 NOR 技术 Flash Memory 的擦除和编程速度较慢，而块尺寸又较大，因此擦除和编程操作所花费的时间很长，在纯数据存储和文件存储的应用中，NOR 技术显得力不从心。NAND 技术 Flash Memory 具有快编程和快擦除的功能，其块擦除时间是 2 ms；而 NOR 技术的块擦除时间达到几百 ms。随机读取速度慢且不能按字节随机编程。芯片尺寸小，引脚少，是位成本（bit cost）最低的固态存储器，基于 NAND 的存储器可以取代硬盘或其他块设备。

通信设备目前存在的绝大多数通信设备都可以直接在嵌入式系统中应用，应用最为广泛的接口主要包括 RS-232 接口（串行通信接口）、SPI（串行外围设备接口）、IrDA（红外线接口）、I^2C（现场总线）、USB（通用串行总线接口）、Ethernet（以太网接口）等。

显示设备主要由于嵌入式应用场合的特殊性，通常使用的是阴极射线管（CRT）、液晶显示器（LCD）和触摸板（Touch Panel）等外围显示设备。

3. 嵌入式操作系统

嵌入式操作系统是专门负责管理存储器分配、中断处理、任务调度等的软件模块，是系统软件，通常包括与硬件相关的底层驱动程序、系统内核、设备驱动接口、通信协议、图形用户界面（GUI）等。嵌入式操作系统具有通用操作系统的基本特点，同时在系统实时性、硬件依赖性、软件固化性及应用专用性等方面具有更加鲜明的特点。

嵌入式操作系统根据应用场合可以分为两大类：一类是面向消费电子产品的非实时系统，这类设备包括个人数字助理（PDA）、移动电话、机顶盒（STB）等；另一类则是面向控制、通信、医疗等领域的实时操作系统，如 WindRiver 公司的 VxWorks、QNX 系统软件公司的 QNX 等。实时系统根据响应时间可以分为弱实时系统、一般实时系统和强实时系统三种。响应时间从秒级到微秒级。根据时限对系统性能的影响程度，实时系统又可以分为软实时系统和硬实时系统。软实时系统指的是虽然对系统响应时间有所限定，但如果系统响应时间不能满足要求，并不会导致系统产生致命的错误或崩溃；硬实时系统则指的是对系统响应时间有严格的限定，如果系统响应时间不能满足要求，就会引起系统产生致命的错误或崩溃。在目前实际运用的实时系统中，通常允许软、硬两种实时性同时存在。

4. 嵌入式应用软件

嵌入式应用软件是针对特定应用领域，基于某一固定的硬件平台，用来达到用户预期目标的计算机软件，由于用户任务可能有时间和精度上的要求，因此有些嵌入式应用软件需要特定嵌入式操作系统的支持。嵌入式应用软件不仅要求其在准确性、安全性和稳定性等方面能够满足实际应用的需要，而且还要尽可能地进行优化，以减少对系统资源的消耗，降低硬件成本。对于一些复杂的系统，在系统设计的初期阶段就要对系统的需求进行分析，确定系统的功能，然后将系统的功能映射到整个系统的硬件、软件和被控对象的设计过程中，称为系统的功能实现。

1.1.3 嵌入式系统的应用及特征

1. 嵌入式系统的应用

由于嵌入式系统具有体积小、性能好、功耗低、可靠性高及面向行业应用等突出特点，目前嵌入式系统广泛地应用于消费电子、通信、汽车、国防、航空航天、工业控制、仪表、办公自动化等领域。表 1.1 列出了嵌入式系统在各行业中的典型应用。

表 1.1　嵌入式系统在各行业中的应用

行　业	应用项目
金融、商业	ATM 机、银行自助查询终端、POS 机等
通信、网络	防火墙、VPN、VoIP、程控交换机、GPS 等
航天、航空	宇航控制器、火箭制导、雷达成像器、载人飞船模拟试验
消费电子	TV、VCRs、照相机、安全系统、视频游戏机、PDA、彩票机等
军事装备	军用通信便携机、车载火炮发射控制器等
仪器仪表、医疗	心音分析仪、心电测量、彩色 B 超、CT 等
制造业控制系统	大型油田、煤矿、核电站、钢铁厂、港口控制等

1）消费类电子产品应用

嵌入式系统在消费类电子产品应用领域的发展最为迅速，而且在这个领域中的嵌入式处理器的需求量也最大。由嵌入式系统构成的消费类电子产品已经成为现实生活中必不可少的一部分。例如各式各样的信息家电产品，如智能冰箱、流媒体电视等。最常用的莫过于手机、PDA、电子辞典、数码相机、MP3/MP4 等。可以说离开了这些产品生活生活就像以前没有电一样很不方便。这些消费类电子产品中的嵌入式系统同样含有一个嵌入式微处理器、一些外围接口及一套基于应用的软件系统等。

2）智能仪器、仪表类应用

通常这些嵌入式设备中都有一个应用处理器和一个运算处理器，可以完成一定的数据采集、分析、存储、打印、显示等功能，如网络分析仪、数字示波器、热成像仪

等。这些设备对于开发人员的帮助很大，大大地提高了开发效率，可以说是开发人员的"助手"。

3）通信信息类产品应用

这些产品多数应用于通信机柜设备中，如路由器、交换机、家庭媒体网关等。在民用市场使用较多的莫过于路由器和交换机了。通常在一个典型的 VOIP 系统中，嵌入式系统会扮演不同的角色，有网关（gateway）、关守（gatekeeper）、计费系统、路由器、VOIP 终端等。基于网络应用的嵌入式系统也非常多，可能目前市场上发展最快的就是远程监控系统等监控领域中的应用系统了。

4）过程控制类应用

过程控制类应用主要指在工业控制领域中的应用。对生产过程中各种动作流程的控制，如流水线检测、金属加工控制、汽车电子等。汽车工业已开始在中国取得了飞速的发展，汽车电子也在这个大发展的前提下迅速成长。汽车发动机控制器 ECU 是汽车中最为复杂且功能最为强大的嵌入式系统，它包含电源、嵌入式处理器、通信链路、离散输入、频率输入、模拟输入、开关输出、PWM 输出和频率输出等各大模块。正在飞速发展的车载多媒体系统、车载 GPS 导航系统等也都是典型的嵌入式系统应用。美国 Segway 公司出品的两轮自平衡车，其内部就使用嵌入式系统来实现传感器数据采集、自平衡系统的控制、电机控制等。

5）国防武器设备应用

如雷达识别、军用数传电台、电子对抗设备等。在国防军用领域使用嵌入式系统最成功的案例莫过于美军在海湾战争中采用的一套 Ad hoc 自组网作战系统了。利用嵌入式系统设计开发了 Ad hoc 设备，安装在直升机、坦克、移动步兵身上，构成一个自愈合、自维护的作战梯队。这项技术现在发展成为 Mesh（无线网状网）技术，同样依托于嵌入式系统的发展，已经广泛应用于民用领域，如消防救火、应急指挥等应用中。

6）生物微电子应用

指纹识别、生物传感器数据采集等应用中也广泛采用嵌入式系统设计。现在环境监测已经成为人类不得不面对的问题，可以想象，随着技术的发展，将来在空气、河流中都可能存在着很多的微生物传感器在实时地检测环境状况。而且还在实时地把这些数据送到环境监测中心，以达到检测整个生活环境避免发生更深层次的环境污染问题。这也许就是将来围绕在生存环境周围的一个无线环境监测传感器网。

2. 嵌入式系统特征

根据不同的分类标准嵌入式系统有不同的分类方法。嵌入式系统按表现形式及使用硬件种类可分为：芯片级嵌入（系统中使用含程序或算法的处理器的嵌入式系统）和模块级嵌入（系统中使用某个核心模块的嵌入式系统）两类。嵌入式系统按软件实时性需求可分为非实时系统（如 PDA）、软实时系统（如消费类产品）及硬实时系统（如工业实时控制系统）三类。嵌入式系统特征主要有以下方面。

1）嵌入式系统通常是面向特定应用的

嵌入式 CPU 与通用型 CPU 的最大不同就是嵌入式 CPU 大多工作在为特定用户群设计的系统中，它通常都具有低功耗、体积小、集成度高等特点，能够把通用 CPU 中许多由板卡完成的任务集成在芯片内部，从而有利于嵌入式系统设计趋于小型化，移动能力大大增强，与网络的耦合也越来越紧密。

2）嵌入式系统是知识集成系统

嵌入式系统是将先进的计算机技术、半导体技术和电子技术与各个行业的具体应用相结合后的产物。这一点就决定了它必然是一个技术密集、资金密集、高度分散、不断创新的知识集成系统。

3）功耗低、体积小、集成度高、成本低

嵌入式系统"嵌入"到被控对象的体系中，对对象、环境和嵌入式系统自身具有严格的要求。一般的嵌入式系统具有功耗低、体积小、集成度高、成本低等特点。

嵌入式系统的硬件和软件都必须高效率地设计，在保证稳定、安全、可靠的基础上量体裁衣、去除冗余，力争在同样的硅片面积上实现更高的性能。这样才能最大限度地降低应用成本，从而在具体应用中对处理器的选择更具有市场竞争力。

4）具有较长的生命周期

嵌入式系统和具体应用有机地结合在一起，它的升级换代也是和具体产品同步进行的，因此嵌入式系统产品一旦定型进入市场，一般就具有较长的生命周期。

5）执行代码固化在非易失性存储器中

为了提高执行速度和系统可靠性，嵌入式系统中的软件一般都固化在存储器芯片或处理器的内部存储器件中，而不是存储于磁盘等载体中。

6）需要专门的开发工具和方法进行设计

嵌入式系统本身不具备自举开发能力，即使设计完成以后用户通常也是不能对其中的程序功能进行修改的，必须有一套开发工具和环境才能进行开发。

1.2 嵌入式系统微处理器

嵌入式硬件系统一般由嵌入式微处理器、存储器和输入/输出三部分组成，其核心是嵌入式微处理器。嵌入式硬件系统如图 1.3 所示。嵌入式微处理器是指应用在嵌入式系统中的微处理器。它一般具备四个特点：①对实时和多任务有很强的支持能力；②具有功能很强的存储区保护功能；③可扩展的处理器结构；④功耗必须很低甚至到微瓦级。

嵌入式微处理器是嵌入式硬件系统的核心，由控制单元、算术逻辑单元和寄存器组成，控制单元主要负责取指令、指令译码和取操作数等基本动作，并发送主要的控制指令。控制单元中包括两个重要的寄存器：指令寄存器（Instruction Register）和程序计数器（Program Counter）。算术逻辑单元分为两部分，即算术运算单元和逻辑运算单元。寄存器用于存储从存储器中所取得的数据以及算术逻辑运算单元处理好的暂时性数据，如图 1.4

所示。

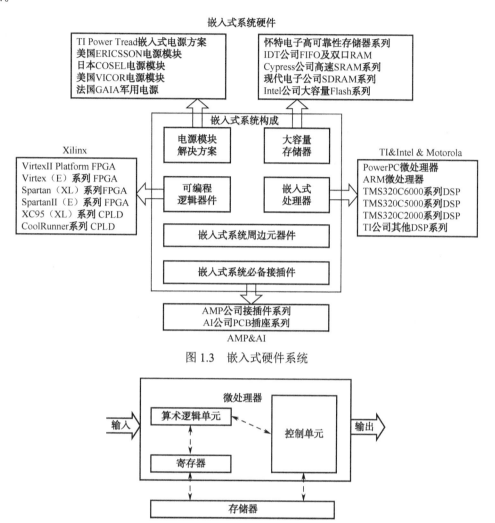

图 1.3 嵌入式硬件系统

图 1.4 嵌入式微处理器基本结构

根据用途，可以将嵌入式微处理器分为下面四类。

1）嵌入式微处理器（Embedded MicroProcessor Unit，EMPU）

嵌入式微处理器采用"增强型"通用微处理器。由于嵌入式系统通常应用于环境比较恶劣的环境中，因而嵌入式微处理器在工作温度、电磁兼容性及可靠性方面的要求较通用的标准微处理器高。根据实际嵌入式应用要求，将嵌入式微处理器装配在专门设计的主板上，只保留和嵌入式应用有关的主板功能，这样可以大幅度减小系统的体积和功耗。由嵌入式微处理器及其存储器、总线、外设等安装在一块电路主板上构成一个通常所说的单板机系统。

2）嵌入式微控制器（Micro Controller Unit，MCU）

嵌入式微控制器又称单片机，它将整个计算机系统集成到一块芯片中。嵌入式微控制器一般以某种微处理器内核为核心，在芯片内部集成了 ROM、RAM、总线、定时/计数器、看门狗、I/O、串行口、脉宽调制输出、A/D、D/A 等各种必要功能部件和外设。为适应不同的应用需求，对功能的设置和外设的配置进行必要的修改和裁减定制。和嵌入式微处理器相比，微控制器的单片化使应用系统的体积大大减小，从而使功耗和成本大幅度下降、可靠性提高。微控制器是嵌入式系统应用的主流。微控制器的片上外设资源一般比较丰富，适合于控制，因此称为微控制器。

3）嵌入式 DSP 处理器（Embedded Digital Signal Processor，EDSP）

在数字信号处理应用中，各种数字信号处理算法相当复杂。DSP 处理器对系统结构和指令进行了特殊设计，使其适合于实时地进行数字信号处理。在数字滤波、FFT、频谱分析等方面，DSP 算法正大量进入嵌入式领域，DSP 应用正从在通用单片机中以普通指令实现 DSP 功能过渡到采用嵌入式 DSP 处理器。在有关智能方面的应用中，也需要嵌入式 DSP 处理器，如各种带有智能逻辑的消费类产品、生物信息识别终端、带有加解密算法的键盘、虚拟现实显示等。

4）嵌入式片上系统（System On Chip，SOC）

随着 EDI 的推广和 VLSI 设计的普及化，以及半导体工艺的迅速发展，可以在一块硅片上实现一个更为复杂的系统，这就产生了 SOC 技术。各种通用处理器内核将作为 SOC 设计公司的标准库，成为 VLSI 设计中一种标准的器件。用户只需定义出其整个应用系统，仿真通过后就可以将设计图交给半导体工厂制作样品。这样除某些无法集成的器件以外，整个嵌入式系统大部分均可集成到一块或几块芯片中去，对于减小整个应用系统的体积和功耗、提高可靠性非常有利。

1.3 嵌入式系统软件的特点与组成

1. 嵌入式软件的基本特点

嵌入式系统软件及应用软件是实现嵌入式系统功能的关键，主要特点如下。

1）软件要求固态化存储

为保证高效和可靠，嵌入式系统中的软件一般都固化在存储器芯片或单片机本身中，而非存储在磁盘载体中。

2）软件代码的质量和高可靠性

要求高质量的程序和编译工具，以减少程序二进制代码长度，提高执行效率。

3）系统软件的实时处理能力

在多任务嵌入式系统中，任务的合理调度和及时执行是靠具有实时处理能力的嵌入式操作系统来保障的。

4）嵌入式系统软件的典型语言

C 语言的高效、普及等特点使它成为最常用的嵌入式系统软件开发语言。

2. 嵌入式系统软件组成

嵌入式软件主要包含以下几个部分。

1）嵌入式操作系统

嵌入式操作系统（Embedded Operating System，EOS）是指用于嵌入式系统的操作系统。嵌入式操作系统是一种用途广泛的系统软件，通常包括与硬件相关的底层驱动软件、系统内核、设备驱动接口、通信协议、图形界面、标准化浏览器等。嵌入式操作系统负责嵌入式系统的全部软、硬件资源的分配、任务调度，控制、协调并发活动。它必须体现其所在系统的特征，能够通过装卸某些模块来达到系统所要求的功能。目前在嵌入式领域广泛使用的操作系统有嵌入式 Linux、Windows Embedded、VxWorks 等，以及应用在智能手机和平板电脑的 Android、IOS 等。

2）嵌入式支撑软件

支撑软件是用于帮助和支持软件开发的软件，通常包括数据库和开发工具，其中以数据库最为重要。嵌入式数据库技术已得到广泛的应用，随着移动通信技术的进步，人们对移动数据处理提出了更高的要求，嵌入式数据库技术已经得到了学术、工业、军事、民用部门等各方面的重视。嵌入式移动数据库或简称为移动数据库（EMDBS）是支持移动计算或某种特定计算模式的数据库管理系统，数据库系统与操作系统、具体应用集成在一起，运行在各种智能型嵌入设备或移动设备上。其中，嵌入在移动设备上的数据库系统由于涉及数据库技术、分布式计算技术及移动通信技术等多个学科领域，目前已经成为一个十分活跃的研究和应用领域。国际上主要的嵌入式移动数据库系统有 Sybase、Oracle 等。我国嵌入式移动数据库系统以东软集团研究开发出了嵌入式数据库系统 OpenBASE Mini 为代表。

3）嵌入式应用软件

嵌入式应用软件是针对特定应用领域，基于某一固定的硬件平台，用来达到用户预期目标的计算机软件。由于用户任务可能有时间和精度上的要求，因此有些嵌入式应用软件需要特定嵌入式操作系统的支持。嵌入式应用软件和普通应用软件有一定的区别，它不仅要求其在准确性、安全性和稳定性等方面能够满足实际应用的需要，而且还要尽可能地进行优化，以减少对系统资源的消耗，降低硬件成本。目前我国市场上已经出现了各式各样的嵌入式应用软件，包括浏览器、E-mail 软件、文字处理软件、通信软件、多媒体软件、个人信息处理软件、智能人机交互软件、各种行业应用软件等。嵌入式系统中的应用软件是最活跃的力量，每种应用软件均有特定的应用背景，尽管规模较少，但专业性较强，所以嵌入式应用软件不像操作系统和支撑软件那样受制于国外产品垄断，是我国嵌入式软件的优势领域。

1.4　嵌入式系统设计流程与关键技术

嵌入式系统是一个软件、硬件综合体，随着信息化、智能化、网络化的发展，嵌入式系统技术获得了深入的发展。信息时代，数字时代使得嵌入式的发展前景尤其美好。嵌入式系统设计方法是嵌入式系统应用开发的关键环节，主要包括包括设计流程、设计中的关键技术及设计平台。

1. 嵌入式系统设计流程

一个完整的嵌入式系统设计包括七个阶段：产品定义，软件与硬件的划分，迭代与实现，详细的软件、硬件设计，硬件与软件的集成，产品测试与发布，持续维护与升级。

一项技术总是在不断革新中完善发展，嵌入式也是如此。就设计流程而言，嵌入式系统的设计可以大体分为两个设计阶段：传统设计阶段和现代软/硬件协同设计阶段。

传统设计流程的基本特征如下：系统在一开始就被划分为软件和硬件两大部分；软件和硬件进行独立开发；常采用"hardware first"原则。因此这就导致了一系列的问题，例如软/硬件交互受到很大限制；软/硬件之间的相互性能影响无法评估；系统集成相对滞后，NRE（Non-Recurring Engineering）较大。从而使得设计出的嵌入式系统质量差、难以修改，同时，设计周期也难以得到有效保障。随着设计复杂程度的提高，软/硬件设计中的一些错误将使得开发过程变得困难；"hardware first"原则也大大提高了系统设计耗费的成本。

为了解决传统式设计流程中的一系列问题，现代的嵌入式系统设计多采用软件协同式开发方法。软/硬件协同开发包括以下步骤：设计描述、设计建模、综合与优化、设计验证、设计实现。软/硬件协同设计有一系列的基本需求。它强调统一的软/硬件描述方式，具体体现在：软/硬件支持统一的设计和分析工具；允许在一个集成环境中仿真系统软/硬件设计；支持系统任务在软件和硬件设计之间的相互移植。交互式的软/硬件设计技术允许多个不同的软/硬件划分设计进行仿真和比较。该技术可以辅助最优系统实现方式决策，合理划分以更好地满足系统设计标准。同时，软/硬件协同设计需要有完整的软/硬件模型基础，有正确的检验方法。

软/硬件协同设计的优点体现在在设计初始阶段就能够进行软/硬件交互设计与调整，关键技术（如 PLD，器件接口和功能模型的描述）的发展使得软/硬件交互设计变得简单。

2. 嵌入式系统设计中的关键技术

嵌入式系统是多种先进技术的融合体，它是计算机技术、IC 技术、电子技术与特定行业接轨的产物。这就决定了它是一个技术和资金密集、高度分散并且不断创新的知识集成系统。因此在嵌入式系统开发中要做好规划，以尽力地满足其功能性和非功能性指标。在设计整个嵌入式系统时，关键技术体现在：

（1）嵌入式系统开发流程的具体实现；

（2）保证系统开发中交叉编译和链接的正确实施；

（3）确保嵌入式系统的内核要精巧，这是系统自身特点与市场的要求；

（4）设计时要面向应用，突出效率，减少冗余，精简系统；

（5）嵌入式系统大都有实时的要求，因此在开发时要尽量做到性能优化，嵌入式软件在可靠性等方面必须保证；

（6）嵌入式系统本身不支持二次开发功能，在开发完成后若需进行二次开发，需要借助专业的开发工具；

（7）嵌入式系统开发要尽量做到减少功耗，降低成本，这些依赖于嵌入式系统开发中各个环节技术的革新。

3. 嵌入式系统设计平台

就嵌入式系统开发平台来讲，笼统地说包括硬件平台和软件平台。

硬件平台包括多种多样的微处理器，如 AVR、ARM、FPGA、DSP 等；甚至较为简单的 8051 都可以作为开发的硬件平台。具体选择哪一种开发硬件平台，这就要看项目本身，如开发周期、开发成本、开发目标及技术等，目前市场上常用的有 ARM9 这一款处理器，如三星的 S3C2440。

具体到嵌入式开发的软件平台，这就涉及嵌入式开发的系统及其中的具体编程问题；目前可供嵌入式系统开发移植的系统包括 Linux、WinCE 等适合移植的系统。其中 Linux 是比较常用的移植系统。Linux 系统开源，为用户提供了广大的发挥空间。在移植系统后，就要进行嵌入式软件开发，界面制作等工作；这就要用到 C/C++、汇编语言，其中 C 和 C++ 是使用较为广泛的语言。

另外，在开发嵌入式系统时，要有一些优秀的开发工具，如 Linux 嵌入式开发中的工具链，它通过 GNU 的 gcc 作编译器，用 gdb、kgdb、xgdb 作调试工具，能够很方便地实现从操作系统到应用软件各个级别的调试。

1.5 嵌入式系统 Linux 开发环境

嵌入式系统开发环境的构建是嵌入式系统开发的重要环节，综合分析不同嵌入式系统开发环境特点，选择嵌入式系统 Linux 开发环境具有相应的优势。

1. 嵌入式系统开发环境方案

目前主流的嵌入式系统开发环境有几个方案：

（1）基于 PC Windows 操作系统下的 CYGWIN；

（2）在 Windows 下安装虚拟机后，再在虚拟机中安装 Linux 操作系统；

（3）直接安装 Linux 操作系统。

基于 Windows 的环境要么有兼容性问题，要么速度有影响。嵌入式 linux 是将日益流行的 Linux 操作系统进行裁剪修改，使之能在嵌入式计算机系统上运行的一种操作系统。嵌入式 linux 既继承了 Internet 上无限的开放源代码资源，又具有嵌入式操作系统的特性。嵌入式 Linux 的特点是版权费免费；购买费用媒介成本技术支持全世界的自由软件开发提供支持网络特性免费，而且性能优异，软件移植容易，代码开放，有许多应用软件支持，应用产品开发周期短，新产品上市迅速，因为有许多公开的代码可以参考和移植，及实时性能 RT_Linux Hardhat Linux 等嵌入式 Linux 支持，稳定性好，安全性好。所以使用 Linux 操作系统开发环境。Linux 操作系统开发环境采用 Fedora 版本，它已经支持中文，并且包含了绝大部分的开发工具，不用担心装了 Linux 就不能使用 Windows 的问题。一般的情况都是用户已经有了 Windows 操作系统，再安装 Linux，Linux 会自动安装一个叫作 GRUB 的启动引导软件，可以选择引导多个操作系统。

由于目前 PC 机器性能的条件优越，可以选择第二种开发方式，使用 Windows XP 系统运行 Vmware 虚拟机，在虚拟机中运行 Fedora 系统，而且 Windows 系统下有很多好用的

开发软件，如 Xshell、Sourceinsight 等。

2. 嵌入式系统 Linux 开发环境构建方法

绝大多数 Linux 软件开发都是以 native 方式进行的，即本机（HOST）开发、调试，本机运行的的方式。这种方式通常不适合于嵌入式系统的软件开发，因为对于嵌入式系统的开发，没有足够的资源在本机（即板子上系统）运行开发工具和调试工具。通常嵌入式系统的软件开发采用一种交叉编译调试的方式。交叉编译调试环境建立在宿主机（即一台 PC）上，对应的开发板叫作目标板。

运行 Linux 的 PC 称即为宿主机，开发时使用宿主机上的交叉编译、汇编及连接工具形成可执行的二进制代码（这种可执行代码并不能在宿主机上执行，而只能在目标机上执行），然后把可执行文件下载到目标机上运行。调试时的方法很多，可以使用串口、以太网口等，具体使用哪种调试方法可以根据目标机处理器提供的支持作出选择。宿主机和目标机的处理器一般不相同，宿主机一般为 X86 体系结构（如 Intel 处理器），而目标机为 ARM 体系结构（如三星 S3C2440 处理器）。GNU 编译器提供这样的功能，在编译器编译时可以选择开发所需的宿主机和目标机从而建立开发环境。所以在进行嵌入式开发的第一步工作就是安装一台装有指定操作系统的 PC 作为宿主开发机，对于嵌入式 Linux，宿主机上的操作系统一般要求为 Redhat Linux。嵌入式开发通常要求宿主机配置有网络，支持 NFS（为交叉开发时 mount 所用）。然后在宿主机上建立交叉编译调试的开发环境。环境的建立需要许多软件模块协同工作，这将是一项比较繁杂的工作。

对开发 PC 的性能要求：由于 Fedora 安装后占用空间约为 2.4 GB～5 GB 之间，还要安装 ARM-Linux 开发软件，因此对开发计算机的硬盘空间要求较大。

宿主机 PC 硬件要求如下。

CPU：高于奔腾 1 GB，推荐高于赛扬 1.7 GB；

内存：大于 256 MB，推荐 1GB；

硬盘：大于 40 GB，推荐大于 80 GB。

1.6　Linux 操作系统常用命令

1.6.1　Linux 文件与目录

1. Linux 文件

Linux 主文件系统采用 ext2/ext3 文件系统，在系统启动后利用 VFS（Virtual File System）文件系统集成其他格式的文件系统，实现多种文件系统在 Linux 中共存的局面。

Linux 文件系统采用树形目录结构，将主文件系统 ext2/ext3 的根目录作为整个系统的根目录，其他文件系统挂载到 Linux 文件系统中，并且由 VFS 来管理。其他文件系统作为整个文件系统的一棵"子树"，经常挂载到主文件系统的/mnt 目录下。

Linux 中有四种基本文件类型，分别为普通文件、目录文件、符号链接文件和设备文件，此外，还有一些其他类型的文件，如命名管道文件、socket 文件等。可用 file 命令来识别指定文件的类型。

普通文件：如文本文件、源代码文件、Shell 脚本文件、二进制的可执行文件、二进制的数据文件等。在图形界面下，用与文件属性相匹配的图标表示；在终端命令 ls 中，用"–"表示。

目录文件：储存文件名的唯一地方，其中包括所属的文件名、子目录名及其指针。在图形界面下，用文件夹图标表示；在终端命令 ls 中，用"d"表示。

符号链接文件：指向某个文件存储位置的指针，也称为软链接文件或符号链接文件，硬链接文件或物理链接文件见本书后面的 ln 命令部分。在图形界面下，文件名以斜体显示；在终端命令 ls 中，用"1"表示，并且文件名后面以"->"指向所链接的文件。

设备文件：表示如磁盘、终端、打印机等设备的一类文件，以便用户像操作文件一样来操作设备，这些文件常放在/dev 目录内。例如，光驱的设备文件为"/dev/cdrom"，第一块 IDE 接口硬盘的设备文件为"/dev/hda"，系统终端的设备文件名为"/dev/systty"。根据设备与系统内存交换数据的方式将设备分为块设备和字符设备，块设备以数据块为单位与系统内存交换数据，字符设备以单个字节为单位与系统内存交换数据。在图形界面下，分别用不同的图标区分块设备与字符设备；在终端命令 ls 中，用"b"表示块设备，用"c"表示字符设备。

命名管道文件：系统中进程之间以命名管道形式通信时所使用的一种文件。在图形界面下，用水龙头形状的图标表示；在终端命令 ls 中，用"p"表示。

socket 文件：主机之间以 socket 形式通信时所使用的一种文件。在图形界面下，用电源插头形状的图标表示；在终端命令 ls 中，用"s"表示。

2．Linux 目录

Linux 文件系统中有一些常用的目录，这些目录中存放指定的内容，如下所示。

/etc：包含大多数引导和配置系统所需的系统配置文件，如 host.conf、httpd、fstab 等，另外，还有大量的配置文件保存在子目录中，如 sshd_config 保存在目录/etc/ssh/中，lvm.conf 保存在目录/etc/lvm/中。

/lib：包含 c 编译程序所需要的函数库，这些函数库以二进制文件形式存在。

/usr：包含其他一些子目录，如 src、bin 等，其中 src 子目录中存放 Linux 的内核源代码，/bin 子目录中存放已经安装的程序语言的命令，如 javac、java、gcc、perl 等。

/var：包含一些经常改变的文件，如日志文件。

/tmp：存放用户和程序所产生的临时数据文件，系统会定时清除该目录中的内容。

/bin：大多数普通用户使用的命令文件存放在此。

/home：普通用户主目录默认存放在此，系统管理员增加新用户时，若没有特别指明用户主目录，则系统会在此处自动增加与用户同名的目录作为用户主目录。

/dev：包含系统中的设备文件，如 fd0、hda 等。

/mnt：其他文件系统的挂载点。

1.6.2　Linux 文件与目录常用命令

在 Linux 中使用命令操作文件时，可以仅输入文件名的前几个字符，然后按键盘上的"Tab"键补全文件名的后面部分，若输入的字符是多个文件名的起始字符，则系统列出这些文件。

按键盘上的"↑"、"↓"键，可以翻阅以前使用过的命令，也可以输入命令"history"查看以前使用过的命令。

Linux 系统具有非常丰富的命令，绝大多数命令具有大量的参数，要对这些命令进行详细描述需要大量篇幅，在此，仅对嵌入式开发过程中经常用到的命令进行简单介绍，其他命令请参考相关资料或通过在线帮助（如在命令后面加参数"--help"或用"man 命令"可以取得命令的详细用法）。

1. ls 命令

使用权限：所有使用者。

使用方式：ls [-alrtAFR] [name...] 。

说明：显示指定工作目录下之内容（列出目前工作目录所含之档案及子目录）。

选项如下。

-a：显示所有档案及目录（ls 内定将档案名或目录名称开头为"."的视为隐藏档，不会列出）。

-l：除档案名称外，亦将档案形态、权限、拥有者、档案大小等资讯详细列出。

-r：将档案以相反次序显示（原定依英文字母次序）。

-t：将档案依建立时间之先后次序列出。

-A：同-a，但不列出"."（目前目录）及".."（父目录）。

-F：在列出的档案名称后加一符号，如可执行档则加"*"，目录则加"/"。

-R：若目录下有档案，则以下之档案亦皆依序列出。

在命令使用中可以结合文件名通配符。Linux 的命令中可以使用文件名通配符"*"、"?"和"[]"，其中"*"代表任意个字符，如 t*代表以字母 t 开头的所有文件名，包括 t、t12345、ttt.txt 等；"?"代表 1 个字符，如 t?代表以字母 t 开头的、文件名长度为 2 的所有文件名，包括 tt、t6、tp 等，但不包括 ttt、tpppp 等；"[]"表示所包含的字符，如 t[123]t 表示文件名 t1t、t2t、t3t。

范例如下。

列出目前工作目录下所有名称是 s 开头的档案，越新的排得越靠后：ls -ltr s*。

将/bin 目录以下所有目录及档案详细资料列出：

```
ls -lR /bin
```

列出目前工作目录下所有档案及目录；目录于名称后加"/"，可执行档于名称后加"*"：

```
ls -AF
```

2. chmod 命令

使用权限：所有使用者。

使用方式：chmod [-cfvR] [--help] [--version] mode file...。

说明：Linux/Unix 的档案存取权限分为三级：档案拥有者、群组、其他。利用 chmod

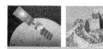

可以修改档案权限。

Mode：权限设定字串，格式如下：[ugoa...][[+-=][rwxX]...][,...]，其中 u 表示该档案的拥有者，g 表示与该档案的拥有者属于同一个群体（group）者，o 表示其他以外的人，a 表示这三者皆是。

+ 表示增加权限，-表示取消权限，= 表示唯一设定权限。

r 表示可读取，w 表示可写入，x 表示可执行，X 表示只有当该档案是个子目录或该档案已经被设定过为可执行。

-c：若该档案权限确实已经更改，才显示其更改动作。

-f：若该档案权限无法被更改也不要显示错误信息。

-v：显示权限变更的详细资料。

-R：对目前目录下的所有档案与子目录进行相同的权限变更（即以递回的方式逐个变更）。

--help：显示辅助说明。

--version：显示版本。

在 Linux 系统中，针对某个文件，将操作该文件的用户分为三类。

（1）文件的所有者，用单词 user 的第一个字母 u 表示；

（2）同组用户，即与文件的所有者具有相同组 ID 的用户，用单词 group 的第一个字母 g 表示；

（3）其他用户，即与文件的所有者不同组的用户，用单词 other 的第一个字母 o 表示。

此外，将上述三类用户合起来称为所有用户，用单词 all 的第一个字母 a 表示。

文件有三种基本的操作权限，分别为：

（1）读权限，表示用户可以读取文件的内容，用单词 read 的第一个字母 r 表示；

（2）写权限，表示用户可以修改文件内容或删除文件，用单词 write 的第一个字母 w 表示；

（3）执行权限，表示用户可以执行文件，对于目录文件，表示用户可以进入该目录，用单词 execute 的第二个字母 x 表示。

对文件操作的三类用户和文件的三种操作权限进行组合，形成文件的授权属性，分三组，每组三位，分别用字母表示用户和操作权限；第一组表示文件主的操作权限，第二组表示同组用户的操作权限，第三组表示其他用户的操作权限，无操作权限的位置用符号"-"表示。举例如下：

rwxr-xr-- //文件主具有读、写和执行权限；同组用户具有读和执行权限；其他用户仅有读权限。

文件的授权属性经常用 9 位二进制数记录，有权限的位设为 1，无权限的位设为 0，用三位八进制数表示，举例如下。

754//转换为二进制数为 111101100，表示文件主具有读、写和执行权限；同组用户具有读和执行权限；其他用户仅有读权限。

范例：将档案 file1.txt 设为所有人皆可读取：

```
chmod ugo+r file1.txt
```

将档案 file1.txt 设为所有人皆可读取：

```
chmod a+r file1.txt
```

此外 chmod 也可以用数字来表示权限，如 chmod 777 file。

语法为：

```
chmod abc file
```

其中 a，b，c 各为一个数字，分别表示 User，Group 及 Other 的权限。

```
r=4,w=2,x=1
```

若要 rwx 属性，则 4+2+1=7；

若要 rw-属性，则 4+2=6；

若要 r-x 属性，则 4+1=5。

范例：

```
chmod a=rwx file
chmod 777 file
```

效果相同

```
chmod ug=rwx,o=x file
```

和

```
chmod 771 file
```

效果相同

用 chmod 4755 filename 可使此程式具有 root 的权限。

3．cp 命令

使用权限：所有使用者。

使用方式：cp [选项] 源文件 目标文件。

说明：将给出的文件或目录复制到指定的文件或目录中。

-a：该选项通常在复制目录时使用，它保留链接、文件属性，并递归地复制子目录中的内容，其作用等于 dpr 选项的组合。

-d：复制时保留链接。

-p：除复制源文件的内容外，还将把其最后修改时间和访问权限也复制到目标文件中。

-r：若源文件是目录文件，cp 将递归复制该目录下所有的子目录和文件，目标文件名必须为一个目录文件名。

-l：不作复制，只是链接文件。

cp 命令使用中用到路径的概念。路径指访问某个文件或进入某个目录时所经过的其他目录的目录名所形成的字符串，目录名之间用"/"分开。路径分相对路径和绝对路径，相对路径指从当前目录出发到指定目录所形成的目录名字符串，绝对路径指从根目录出发到

指定目录所形成的目录名字符串。例如"examples/c/"为相对路径，"/home/zhaoh/examples/c/"为绝对路径。

下面是一些特殊的目录。

（1）/：表示根目录；

（2）.：表示当前目录；

（3）..：表示当前目录的上级目录；

（4）~：表示用户家目录。

范例：

cp 1.txt　/home/bright/2.txt //将当前目录中的文件 1.txt 复制到目录/home/bright/中，文件名为 2.txt。

cp -r /home/bright/cml /home/bright/yxj　//将/home/bright/cml 目录中的所有文件及其子目录复制到目录/home/bright/yxj 中。

cp /home/user/*.txt //将/home/user/目录下以.txt 为后缀的文件复制到当前目录中。

4．tar 命令

使用权限：所有使用者。

使用方式：tar 主选项 [辅选项] 文件名，其中，主选项是必需的，辅选项可选。

说明：文件和目录的备份命令，能够将指定的文件和目录打包成一个归档文件即备份文件。

主选项如下。

-c：创建新的归档文件。

-r：把要备份的文件和目录追加到归档文件的末尾。

-t：列出归档文件的内容。

-u：用新文件替换归档文件中的旧文件，若归档文件中没有相应的旧文件，则把新文件追加到备份文件的末尾。

-x：从归案文件中恢复文件。

辅助选项如下。

-b：该选项是为磁带机设定的，其后跟一数字，用来说明数据块的大小，系统预设值为 20（20*512 bytes）。

-f：使用归档文件或设备，这个选项通常是必选的。

-k：还原备份文件时，不覆盖已经存在的文件。

-m：还原备份文件时，把所有文件的修改时间设定为现在。

-M：创建多卷的归档文件，以便在几个磁盘中存放。

-v：详细报告 tar 处理的文件信息。如果无此选项，tar 不报告文件信息。

-w：每一步都要求确认。

-z：用 gzip 来压缩/解压缩文件，加上该选项后可以将档案文件进行压缩，但还原时也一定要使用该选项进行解压缩。

-j：用 bzip2 来压缩/解压缩文件，加上该选项后可以将档案文件进行压缩，但还原时也一定要使用该选项进行解压缩。

-Z：调用 compress 来压缩归档文件，与-x 联用时调用 uncompress 完成解压缩。

-C：配合主选项"x"，指明解压文件要存储的目录。

范例如下。

tar -cvf etc.tar /etc　　// 将目录/etc 下的所有文件和子目录备份打包到当前目录下的文件 etc.tar 中，并显示打包过程。

tar -czvf etc.tar.gz /etc　　//将目录/etc 下的所有文件和子目录备份打包并以 gzip 格式进行压缩，形成文件 etc.tar.gz，并显示过程。

tar -cjvf etc.tar.bz　/etc　　//将目录/etc 下的所有文件和子目录备份打包并以 bzip2 格式进行压缩，形成文件 etc.tar.bz2，并显示过程。

tar -xZvf etc.tar.z　//解压缩并还原归档文件 etc.tar.z 中的文件和目录。

tar -xjvf yaffs.tar.bz2 -C /mnt/yaffs　　//将压缩文件 yaffs.tar.bz2 中的内容加压到目录 /mnt/yaffs 中。

5. mount 命令

使用权限：所有使用者。

使用方式：mount [选项] [挂载点]，其中选项是对 mount 命令要执行功能的进一步说明，挂载点表示被挂载的文件系统的根目录在当前文件系统中的位置。

说明：挂载其他文件系统到当前文件系统中，被挂载的文件系统必须是当前 Linux 系统所能识别的系统。

选项如下。

-a：挂载/etc/fstab 文件中所列的全部文件系统。

-t：指定所要挂载的文件系统名称，系统所支持的文件系统信息在/proc/filesystems 文件中保存。

-o：后跟指定选项，如 nolock、iocharset 等，选项之间用逗号分隔。

-n：挂载文件系统但是不把所挂载文件系统的信息写入/etc/mtab 文件中，/etc/mtab 文件中保存当前所挂载文件系统的信息。

-w：将所挂载的文件系统设为可写，但是所挂载的文件系统本身可写时，该选项才有效，例如，以可写形式挂载 CDROM 到系统中，但仍然不能写数据到 CDROM 中。

-r：将所挂载的文件系统设为只读。

-h：mount 命令的使用帮助。

范例如下。

mount //查看当前所挂载的文件系统信息。

mount -t vfat /dev/hda2 /mnt/vfat　　//将位于 hda2 分区的 FAT 格式的文件系统挂载到目录 /mnt/vfat/下。

mount -w -t nfs 192.168.0.6:/test /mnt/nfs　　//将主机 192.168.0.6 中的目录/test/以网络文件系统、可读写的方式挂载到目录/mnt/nfs/中。主机 192.168.0.6 必须启动 NFS 服务并在配置文件中设置目录/test/可以读写，并且当前用户对目录/test/有读写权限。

mount -t nfs -o nolock,rw 192.168.0.6:/test /mnt/nfs　　//将主机 192.168.0.6 中的目录/test/以网络文件系统、非锁定、可读写的方式挂载到目录/mnt/nfs/中。

1.6.3 输入/输出转向和管道命令

输入转向是指把命令或可执行程序的标准输入重定向到指定的文件中。也就是说，输入可以不来自键盘，而来自一个指定的文件。所以，输入重定向主要用于改变一个命令的输入源，特别是改变那些需要大量输入的输入源。

输出转向是指把命令（或可执行程序）的标准输出或标准错误输出重新定向到指定文档中。这样，该命令的输出就不显示在屏幕上，而是写入到指定文档中。输出重定向比输入重定向更常用，很多情况下可以使用这种功能。

管道是 Linux 中很重要的一种通信方式，是把一个程序的输出直接连接到另一个程序的输入，是进程间通信的一种手段，分为无名管道和命名管道。无名管道仅存在于内存中，不产生额外文件，而命名管道会产生相应的管道文件。无名管道可以在命令行中实现；命名管道必须通过编程实现。

1. 输入转向命令

在执行命令或运行程序时，经常需要从键盘进行大量的输入。如果输入过程中出现错误，则前面输入的内容可能要废弃，重新进行输入。用户可以将命令或程序运行时所需要输入的数据事先存放在一个文本文件中，在命令或程序运行时，利用输入转向的功能让运行中的命令或程序从指定的文本文件中读取，减少数据输入过程中的错误。输入转向的符号为 "<"。

例如，用户自编的程序 score 在运行时需要输入大量数据，用户可以事先将程序运行时所需要的数据存放在文本文件 mydata 中，程序 score 运行的命令格式可以为：

```
./score <mydata
```

则 score 运行中所需要的数据从文件 mydata 中进行读取。

2. 输出转向命令

Linux 中命令或程序运行时会在屏幕上显示相应的信息，利用输出转向可以将命令或程序运行中所产生的信息保存在文件中，输出转向符为 ">"，当输出转向符写为 ">>" 时，表示将输出内容追加到指定文件的后面。输出转向符的使用如下所示。

ls -la >ls.output //将命令 ls － la 的输出转向存储到文件 ls.output 中，若文件 ls.output 不存在，则创建；若文件 ls.output 已经存在，则覆盖。

cat 1.txt >>ls.output //将命令 cat 1.txt 的输出以追加的方式转向到文件 ls.output 中，若文件 ls.output 不存在，则创建；若文件 ls.output 已经存在，则将该命令的输出追加到文件 ls.output 的末尾。

./score <mydata >myoutput //程序 score 运行时所需输入数据从文件 mydata 中获取，输出信息转向存储到文件 myoutput 中。

3. 管道命令

无名管道能够实现在一个命令行中，将前一个命令的输出作为后一个命令的输入，不需要保存命令执行的中间结果，实现在一个命令行中同时执行两个命令。管道符号为 "|"，

例如:

ls -la |grep test.zip　　// 将命令 ls -la 的输出作为命令 grep 的输入,表示在命令 ls －la 的执行结果中查找是否有字符串 test.zip,也就是在当前目录下查找文件 test.zip,若存在,则显示文件名,若不存在,屏幕无显示。

cat test.c | more　　// 以分屏的形式显示文本文件 test.c 的内容。

项 目 实 现

在具备了嵌入式系统基本理论知识和 Linux 常用命令基础上,如何构建嵌入式系统 Linux 及如何实现仿真月球车的直线运行控制通过任务 1-1～任务 1-7 来实现,具体操作过程详细介绍如下。

任务 1-1　安装 VMware Workstation

1. 目的与要求

VMware Workstation 是一款功能强大的桌面虚拟计算机软件,提供用户在单一的桌面上同时运行不同的操作系统,和进行开发、测试、部署新的应用程序的最佳解决方案。安装 VMware Workstation,为实现在 Windows 下安装虚拟机后,再在虚拟机中安装 Linux 操作系统的嵌入式系统开发环境方案奠定基础。

下面以 VMware Workstation 8 软件为例,按照任务给出的操作步骤,学习安装 VMware Workstation 软件的基本操作方法。

2. 操作步骤安装

(1) 运行 Vmware 安装程序。

双击启动已经下载到本地硬盘的 VMware Workstation 安装程序,如图 1.5 所示。

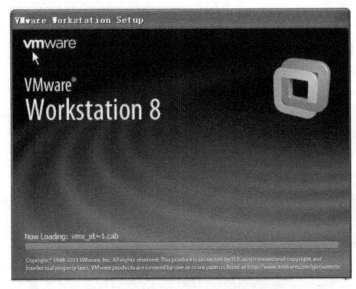

图 1.5　VMware Workstation 安装界面

（2）安装向导，单击 Next（下一步）按钮，如图 1.6 所示。

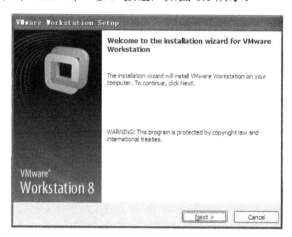

图 1.6　VMware Workstation 安装界面

（3）选择安装类型为 Typical（典型安装），单击 Next（下一步）按钮，如图 1.7 所示。

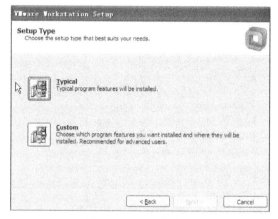

图 1.7　选择安装类型

（4）修改虚拟机程序的安装路径，然后单击 Next（下一步）按钮，如图 1.8 所示。

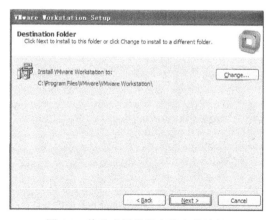

图 1.8　修改虚拟机程序的安装路径

（5）检查软件更新情况，单击 Next（下一步）按钮，如图1.9所示。

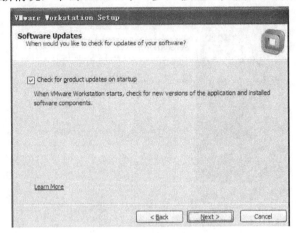

图1.9　检查软件更新情况

（6）选择安装选项后，单击"Next"（下一步）按钮，如图1.10所示。

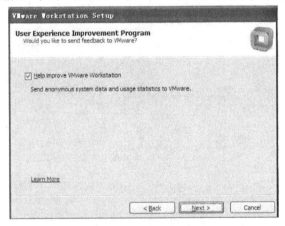

图1.10　选择安装选项

（7）选择 Shortcuts（快捷键）选项，单击 Next（下一步）按钮，如图1.11所示。

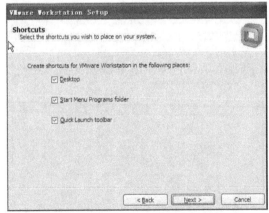

图1.11　选择 Shortcuts（快捷键）选项

（8）准备完成安装选项设置，单击 Continue（继续）按钮，如图 1.12 所示。

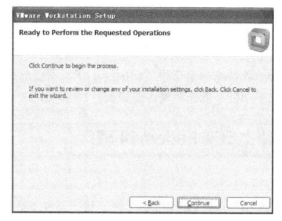

图 1.12　准备完成安装选项设置

（9）开始进行程序安装，单击 Next（下一步）按钮，如图 1.13 所示。

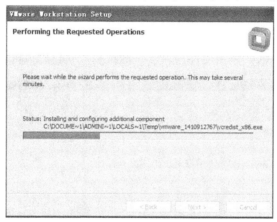

图 1.13　开始进行程序安装

（10）安装完成，单击 Finish（完成）按钮，如图 1.14 所示。

图 1.14　安装完成

3. 任务小结

安装 VMware Workstation 软件是为构建嵌入式系统开发环境方案奠定基础，英文水平不高的学习者可以安装汉化版，但建议最好尽可能地采用英文版，后期的嵌入式系统 Linux 开发用英文的地方很多。在安装步骤中选择安装类型 Typical（典型安装）是关键，尤其是在对 VMware Workstation 软件结构不是很了解的情况下，不要选择 Custom（自定义）类型，否则系统安装后会出现功能不能正常使用的情况。

任务 1-2 在虚拟机上安装 Fedora14 软件

1. 目的与要求

在虚拟机 VMware Workstation 环境中安装 Linux 操作系统 Fedora14 软件，为构建嵌入式系统开发环境方案奠定基础。

下面按照任务给出的操作步骤，学习安装在虚拟机上安装 Linux 操作系统 Fedora14 软件的基本操作方法。

2. 操作步骤安装

（1）双击启动 Vmware，单击文件→新建→虚拟机，新建虚拟机，如图 1.15 所示。

图 1.15 新建虚拟机

（2）选择"安装盘镜像文件项"，指定 fedora 镜像的位置（若通过磁盘安装则选择"安装盘选项"），然后单击"下一步"按钮，如图 1.16 所示。

（3）设置用户名及密码信息（一定要记住密码），单击"下一步"按钮，如图 1.17 所示。

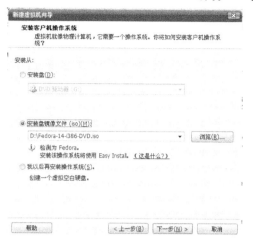

图 1.16 安装盘镜像文件项

图 1.17 设置用户名及密码信息

（4）更改虚拟机名称，选择虚拟机数据的存储位置，然后单击"下一步"按钮，如图 1.18 所示。

图 1.18 虚拟机名称及存储位置设置

（5）设置磁盘大小，注意磁盘空间尽量大些，选中"虚拟磁盘拆分成多个文件"单选按钮，然后单击"下一步"按钮，如图1.19所示。

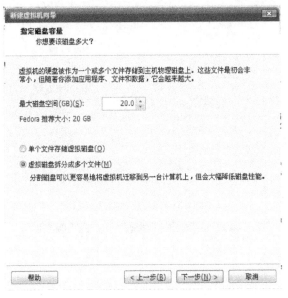

图1.19　设置磁盘大小

（6）选中"创建虚拟机后打开电源"选项，然后单击"完成"按钮进行虚拟机安装，如图1.20所示。

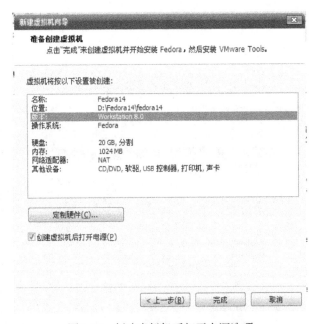

图1.20　创建虚拟机后打开电源选项

（7）安装完成，进入登录界面，单击用户名输入设置的密码即可进入 fedora 系统，如图1.21所示。

图 1.21　登录界面

3. 任务小结

在虚拟机 VMware Workstation 环境中安装 Linux 操作系统 Fedora14 软件操作步骤中，设置用户名及密码信息是关键，这个步骤关系到登录 Fedora14 系统，同时密码设置不要过于简单，否则密码容易被破解致使系统不安全。在设置磁盘大小时，注意磁盘空间尽量大些，这样可为嵌入式系统的开发提供足够的空间。

任务 1-3　SAMBA 配置

1. 目的与要求

在虚拟机 VMware Workstation 环境中安装 Linux 操作系统 Fedora 14 软件后，在 Fedora 14 软件中设置 SAMBA 服务，该服务主要用于 Fedora 与 Windows XP 之间实现通信。

下面按照任务给出的操作步骤，学习在 Fedora 14 软件中设置 SAMBA 服务基本操作方法。

2. 操作步骤

1）在 Fedora 中添加 smb（SAMBA）服务

启动 Fedora 虚拟机后，在系统→管理→服务中添加该服务，如图 1.22 和图 1.23 所示。

看是否有 samba 选项，如果有则已经安装了 samba 服务，没有则需安装（具体安装方法，安装 samba 服务器在控制台终端中输入 yum-y install samba，进行 samba 服务器的安装，请读者参考网络资源）。

2）配置 samba 基本服务

将 samba 服务添加到防火墙的例外中，如图 1.24 和图 1.25 所示。

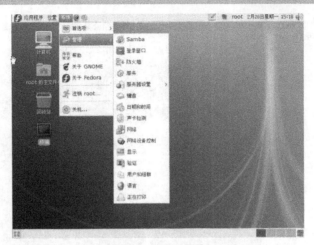

图 1.22   samba 服务

图 1.23   查看 samba 服务

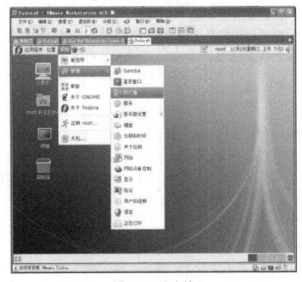

图 1.24   防火墙

图 1.25 设置防火墙选项

3）禁用 selinux 服务

编辑 selinux 的配置文件（root 用户权限）

```
#vi /etc/selinux/config
```

将 SELINUX=enforcing 行的 enforcing 修改为 disabled，保存后退出。重启生效，如果不想重启，用命令

```
#setenforce 0
```

4）启动 smb 服务

```
#/etc/init.d/smb restart
```

5）添加可访问 smb 共享服务的用户

执行如下命令：

```
#smbpasswd -a username
New SMB password:设置密码
Retype new SMB password:确认密码
```

注：username 为当前的用户名。使用这种方法添加的用户，必须首先是系统超级用户。

追加系统用户的方法：

```
#useradd xxxx -p xxxx
```

第一个参数为用户名，第二个参数为密码。

到此为止，samba 配置完毕，在 Windows 下收入添加的 samba 用户及密码即可以\\ip 的方式访问 Linux 的共享了，如图 1.26 所示。

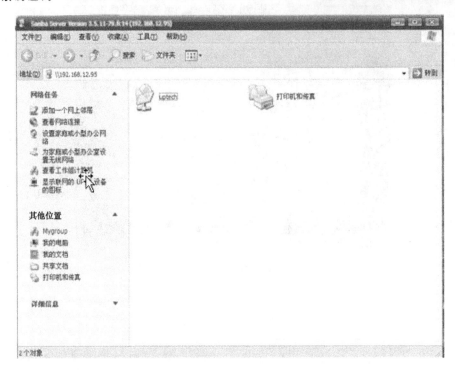

图 1.26　Windows 下访问 Fedora 系统共享

3. 任务小结

在 Fedora 14 软件中设置 SAMBA 服务，在 Fedora 与 Windows XP 之间实现通信，关键是 Fedora 与 Windows XP 的网络配置一定要在同一个网段，保证二者之间网络是通畅的，输入 ping 命令可以检验网络是否完好，检查虚拟机网络是否可以与 Windows 网络 ping 通（宿主机的 IP 地址依据实际情况设置），另外防火墙要设置好。

任务 1-4　NFS 配置

1. 目的与要求

在 Fedora14 软件中设置 NFS 服务，实现在宿主机与目标机之间通信，为在目标机开发板上进行相关软件功能测试、软/硬件联调奠定基础。

下面按照任务给出的操作步骤，学习在 Fedora 14 软件中设置 NFS 服务的基本操作方法。

2. 操作步骤

1）建立 NFS 服务

启动 Fedora 虚拟机后，在系统→管理→服务中添加该服务，如图 1.27 所示。

2）配置 NFS 共享目录

进入系统→管理→服务器设置→NFS 中设置目录，如图 1.28 所示。

图 1.27　建立 NFS 服务

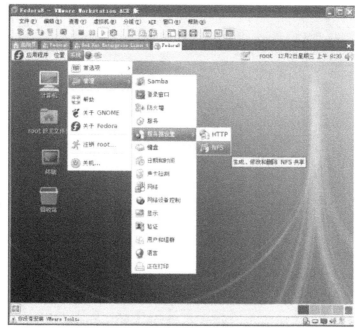

图 1.28　配置 NFS 共享目录

目录：设置宿主机端共享目录文件夹，如/UP-CUP2440。

主机：可以访问该共享目录的机器的 IP 地址，如*。

基本权限：读写权限。

打开 nfs 服务后单击"添加"按钮，如图 1.29 所示。

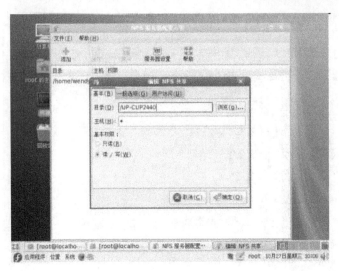

图 1.29　NFS 共享目录属性设置

建立好的 NFS 共享目录如图 1.30 所示。

图 1.30　NFS 建立成功

3）挂载 NFS 共享目录

宿主机端 NFS 服务目录建立好后，即可运行 mount 命令挂载宿主机端 NFS 共享目录。启动开发板后，进入串口终端，先配置开发板 IP(默认是 192.168.1.199)，再挂载：

```
[root@2440~ # ifconfig eth0 192.168.1.199
[root@2440~# mount -t nfs -o nolock,rsize=4096,wsize=4096
192.168.1.145:/CUP2440 /mnt/nfs/
```

注：mount -t nfs -o nolock 命令为 "mount -t nfs -o nolock，rsize=4096，wsize=4096" 命令字符串的别名，在系统的文件系统中也设置好，因此用户只须使用 mount -t nfs -o nolock 命令即可，无须外加参数。

192.168.1.199 为开发板 IP 地址，192.168.1.145 为宿主机端 IP 地址。/ CUP2440 目录为宿主机端 NFS 共享目录，/mnt/nfs 目录为开发板端临时挂载目录。

挂载成功后即可在开发板的/mnt/nfs 下访问宿主机的/CUP2440 目录下文件内容。如果挂载失败，而且使用 PING 命令测试宿主机与开发板通信正常，可以在宿主机端使用如下命令：

```
#route del default
```

关闭默认路由。

3. 任务小结

NFS 文件共享的方式极大地方便了嵌入式软件开发，在嵌入式开发板设备存储资源有限的条件下，极大扩展了对存储容量要求大的软件程序。使用 NFS 共享即将宿主机 Fedora 系统内的文件目录共享，指定特定 IP 地址的机器（一般为开发板设备）访问该文件夹。

任务 1-5 超级终端配置

1. 目的与要求

开发板主要使用串口 0 来进行信息输出与反馈，通常可以在 PC 端使用一些串口工具连接开发板的串口，观察开发板串口输出信息，甚至在串口终端中控制开发板上程序的行为。以下以 Windows XP 系统为例，常用配置该系统上的串口工具是超级终端。

下面按照任务给出的操作步骤，学习在 Windows XP 系统中超级终端软件配置的基本操作方法。

2. 操作步骤

（1）打开超级终端，在开始→程序→附件→通信→超级终端中配置，如图 1.31 所示。

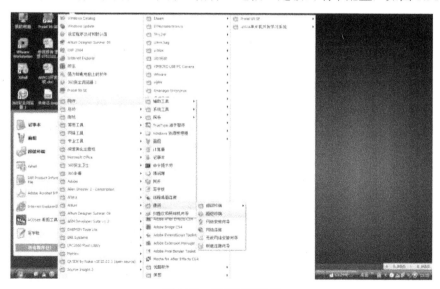

图 1.31 打开超级终端

① 填入区号，如"010"，如图 1.32 所示。

图 1.32　填入区号

② 单击"确定"按钮，如图 1.33 所示。

图 1.33　确认区号

③ 填入名称"COM2440"，如图 1.34 所示。

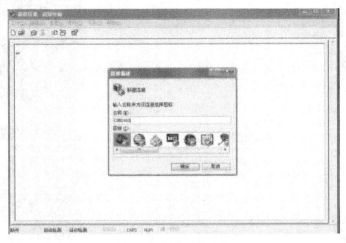

图 1.34　创建连接名称

（2）配置串口：波特率"115200"、数据位"0"、奇偶校验位"无"、停止位"1"、数据流控制"无"。

① 选择串口设备"COM1"（根据实际硬件连接选择），如图 1.35 所示。

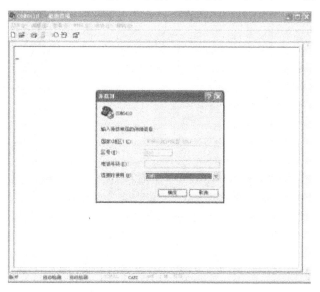

图 1.35 选择串口设备

② 配置串口：波特率"115200"、数据位"0"、奇偶校验位"无"、停止位"1"、数据流控制"无"，如图 1.36 所示。

图 1.36 设置串口参数

（3）运行超级终端。

建立好超级终端后，连接好串口设备及 12 V 电源，手动按下底板上电源一侧的开关和 2440 核心板上的电源拨码开关，即可启动开发板。此时 PC 上超级终端显示系统启动的串口信息如图 1.37 所示。

图 1.37　终端上显示信息

（4）超级终端测试开发板。开发板上电启动后输入 root 用户，会自动登录到/root 目录下，如图 1.38 所示。

图 1.38　登录 ARM 设备端 Linux 操作系统

3. 任务小结

超级终端配置中有两个关键点：一是要选择好串口，在实际应用中针对嵌入式系统的开发环境来选择正确的串口；二是要配置串口的属性，尤其是波特率的配置，本案例中的串口配置为：波特率"115200"、数据位"0"、奇偶校验位"无"、停止位"1"、数据流控制"无"。

任务 1-6 交叉编译环境安装

1. 目的与要求

交叉编译器安装十分重要，安装的成功与否直接关系到后面交叉编译程序的测试。

下面按照任务给出的操作步骤，学习虚拟机 Fedora14 软件中交叉编译器安装的基本操作方法。

2. 操作步骤安装

1）移植交叉编译器软件

（1）通过 SMB 服务将 arm-linux-gcc-3.4.6-glibc-2.3.6.tar.bz2 复制到虚拟机上；

（2）建立目录#mkdir/usr/local/arm 压缩：tar jxvf arm-linux-gcc-3.4.6-glibc-2.3.6.tar.bz2 – C /usr/local/arm/。

2）修改配置文件，启动交叉编译器

（1）修改配置文件

```
#vi ~/.bash_profile
export PATH=/bin:/usr/local/arm/gcc-3.4.6-glibc-2.3.6/arm-linux/bin/: $PATH
```

（2）启动编译器：

```
#source ~/.bash_profile
#which arm-linux-gcc
# arm-linux-gcc – v
```

3. 任务小结

交叉编译器软件关系到源程序编译后能否正确地在开发板 ARM 芯片中运行。配置生效，此时可以通过在终端中输入编译器部分名称来验证是否成功安装。例如，在终端内输入"arm-linux-"，双击 TAB 键，将自动补齐以 arm-linux-开头的交叉编译器名称 arm-linux-gcc，同样可以通过 which 命令查看交叉编译器的存放路径：#which arm-linux-gcc ，也可以通过 arm-linux-gcc – v 命令查看交叉编译器版本。

任务 1-7 仿真月球车的直线运行控制

1. 目的与要求

利用嵌入式系统基本理论，构建嵌入式系统的集成开发环境，采用 Linux 操作系统平台在 ARM 板内刻录可执行文件并设置开机自动运行程序实现仿真月球车的直线运行控制，实现主要功能包括仿真月球车前进和后退。

下面按照任务给出的操作步骤，实现仿真月球车的直线运行控制。

2. 操作步骤

1）编译小车程序

在宿主机 PC 上通过 SMB 服务将 Windows 环境下编写的程序 mooncar.c 复制到 Linux 程序文件夹，在本地 Linux 环境下终端通过 arm-linux-gcc -o mooncar mooncar.c 命令编译小车程序，并将小车程序复制到/home/mooncar，以便移植到开发板上测试程序。

```
cp mooncar  /home/mooncar
```

2）配置开发板网络环境

在开发板上通过运行：ifconfig eth0 192.168.12.96，配置开发板网络 IP 地址，保证和虚拟机的 IP 地址在同一个网段，为小车程序移植做好准备。

3）挂载仿真月球车的直线运行控制程序

在开发板上挂载 Fedora NFS 共享目录，通过 NFS 服务命令"mount -t nfs -o nolock 192.168.12.95:/home/mooncar /mnt/udisk/ "将 IP 为 192.168.12.95 的 fedora 主机上的 /home/mooncar NFS 共享目录，以 NFS 共享的方式挂载到开发板的/mnt/udisk 目录下，挂载成功后可以通过 ls 命令查看挂载之后的目录。

4）运行小车程序

在开发板上输入命令运行：

```
cd /mnt/udisk/
./mooncar
```

3. 任务小结

本项目在嵌入式系统开发环境构建好的基础上，通过仿真月球车的直线运行控制的实例来研究如何在嵌入式系统开发环境下实现程序的开发、调试、Windows XP 和虚拟机之间的通信、虚拟机和开发板 ARM 之间的通信，以实战案例培养嵌入式系统应用开发能力，为后续的项目奠定基础。

拓 展 提 高

Shell 是 Linux 系统中一个重要的层次，它是用户与系统交互作用的界面。在介绍 Linux 命令时，Shell 都作为命令解释程序出现：它接收用户输入的命令，进行分析，创建子进程实现命令所规定的功能，等子进程终止工作后，发出提示符。这是 Shell 最常见的使用方式。

Shell 除了作为命令解释程序以外，还是一种高级程序设计语言，它有变量、关键字、各种控制语句，如 if、case、while、for 等语句，有自己的语法结构。利用 Shell 程序设计语言可以编写出功能很强但代码简单的程序，特别是它把相关的 Linux 命令有机地组合在一起，可大大提高编程的效率，充分利用 Linux 系统的开放性能，设计出适合自己要求的命令。

1. Shell 变量

Shell 有两种变量：环境变量和临时变量。在 Shell 脚本中临时变量又分为两类：用户定义的变量和位置参数。

用户定义的变量是最普遍的 Shell 变量，变量名是以字母或下画线开头的字母、数字和下线符序列，并且大小写字母意义不同。变量名的长度不受限制。定义变量并赋值的一般形式是：变量名=字符串，例如：

```
MYFILE=/usr/meng/ff/m1.c
```

定义并显示变量的值，在程序中使用变量的值时，要在变量名前面加上一个符号"$"。这个符号告诉 Shell 要读取该变量的值。

```
$ dir=/usr/mengqc/file1
$ echo $ dir
/usr/mengqc/file1
$ echo dir
dir
$ today=Sunday
$ echo $ today $ Today
Sunday
$ str="Hapy New Year ! "
$ echo "Wish You $str"
Wish You Happy New Year !
```

read 命令：作为交互式输入手段，可以利用 read 命令由标准输入（即键盘）上读取数据，然后赋给指定的变量。其一般格式是：read 变量 1 [变量 2...]。

```
$ read name -----输入 read 命令
mengqc -----输入 name 的值
$ echo "Your Name is $ name."
Your Name is mengqc -----显示输出的结果
$ read a b c -----read 命令有三个参数
crtvu cn edu -----输入三个字符串，中间以空格隔开
$ echo "Email : $a. $c. $b"
Email : crtvu.edu.cn -----显示输出结果
```

利用 read 命令可交互式地为变量赋值。输入数据时，数据间以空格或制表符作为分隔符。注意以下情况：

（1）若变量个数与给定数据个数相同，则依次对应赋值，如上面例子所示；

（2）若变量数少于数据个数，则从左至右依次给变量赋值，而最后一个变量取得所有余下数据的值；

（3）若变量个数多于给定数据个数，则从左到右依次给变量赋值，后面的变量没有输入数据与之对应时，其值就为空串；

2. Shell 中的特殊字符

（1）通配符通常有三种。

① * 星号，它匹配任意字符的 0 次或多次出现。但注意，文件名前面的圆点（.）和路径名中的斜线（/）必须显示匹配。

② ？ 问号，它匹配任意一个字符。

③ [] 一对方括号，其中有一个字符组。其作用是匹配该字符组所限定的任意一个字符。

应该注意：字符"*"和"？"在一对方括号外面是通配符，若出现在其内部，它们就失去通配符的能力了。

（2）! 叹号。若它紧跟在一对方括号的左方括号"["之后，则表示不在一对方括号中所列出的字符。

（3）""引号。

在 Shell 中引号分为三种：单引号、双引号和倒引号。

双引号：由双引号括起来的字符，除$、倒引号和反斜线（\）仍保留其功能外，其余字符通常作为普通字符对待。案例如下。

① 建立以下文件 ex1：

```
echo"current directory is`pwd`"
echo"home directory is $ HOME"
echo"file * . ?"
echo" directory ' $ HOME ' "
```

② 执行 ex1：

```
$sh ex1
```

单引号：由单引号括起来的字符都作为普通字符出现。案例如下。

```
$ today='date'
$echo Today is $ today
Today is Thu May 04 10 : 56 : 20 CST 2000
$
```

又：

```
$ users='who | wc -l'
$ echo The number of users is $ users
The number of users is 5
```

（4）反斜线：转义字符，若想在字符串中使用反斜线本身，则必须采用（\\）的形式，其中第一个反斜线作为转义字符，而把第二个反斜线变为普通字符。

3. 条件判断与循环结构

（1）if 语句，案例如下。

① 建立脚本 ex2：

```
echo "The current directory is `pwd`"
if test - f " $1"
then echo " $1 is an ordinary file."
else echo " $ 1 is not anordinary file."
fi
```

② 执行 ex2：

```
$sh ex2 ex1
The current directory is /usr/mengqc
ex1 is anordinary file.
```

说明：if 语句的 else 部分还可以是 else-if 结构，如下面语句所示。

```
if test - f " $1"
then cat $1
else if test - d " $1"
    then ( cd $1 ;cat * )
    else echo "$1 is neither a file nor a directory."
    fi
fi
```

如上例改写成：

```
if test -f " $1"
then cat $1
elif test -d " $1"
then ( cd $1 ; cat * )
else echo " $1 is neither afile nor adirectory."
fi
```

（2）测试语句：有两种常用形式：一种是用 test 命令，如上所示。另一种是用一对方括号将测试条件括起来。两种形式完全等价。例如，测试位置参数$1 是否是已存在的普通文件，可写成：test -f" $1"，也可写成：[-f $1]。

在格式上应注意，如果在 test 语句中使用 shell 变量，为表示完整、避免造成歧义起见最好用双引号将变量括起来。利用一对方括号表示条件测试时，在左方括号[之后、右方括号]之前各应有空格，案例如下。

① 建立脚本文件 ex3。

```
echo "Enter your filename"
read filenane
if [ -f " $filename"]
then cat $ filename
else if [ -d " $ filename"]
then cd $ filename
ls -l *
else echo " $ filename:bad filename"
fi
fi
```

② 执行 ex3。

```
$sh ex3
```

（3）while 语句，是一种常用 Scll 循环结构，案例如下。

① 建立脚本 ex4:

```
while [ $1 ]
do
if [ -f $1 ]
then echo "display : $1"
cat $1
else echo " $1 is not a file name."
fi
shift
done
```

② 执行 ex4。

```
$sh ex4
```

（4）for 语句，是一种常用 Sell 循环结构，案例如下。

① 建立脚本 ex5:

```
for day in Monday Wednesday Friday Sunday
do
echo $ day
done
```

② 执行 ex5。

```
$sh ex5
```

4. 函数的定义与调用

同其他高级语言一样，shell 也提供了函数功能。

其定义格式如下：

```
funcname()
{
    command
    ...
    command;  #分号
}
```

定义函数之后，可以在 shell 中对此函数进行调用，如下所示：

```
iscontinue()
{
    while true
    do
        echo -n "Continue?(Y/N)"
        read ANSWER
        case $ANSWER in
```

```
            [Yy])    return 0;;
            [Nn])    return 1;;
            *) echo "Answer Y or N";;
        esac
    done
}
```

这样可以在 shell 编程中调用 iscontinue 确定是否继续执行：

```
if iscontinue
then
    continue
else
    break
fi
```

思考与练习题 1

1.1　选择题

（1）下面有关嵌入式系统的描述错误的是（　　）。

A．嵌入式应用系统是对功能、可靠性、成本、体积、功耗等方面都严格要求的专用计算机系统

B．嵌入式系统以应用为中心、以计算机技术为基础、软/硬件可以裁剪

C．嵌入式系统软件可以裁剪，但硬件不能随便改变

D．嵌入式系统是与应用紧密结合的，它有很强的专用性，必须结合实际系统需求进行合理的剪裁利用

（2）下列（　　）属于嵌入式系统的特点。

A．是一个通用的计算机平台　　　　　　B．得到多种处理器类型和体系结构的支持

C．采用少数的微处理器和体系结构　　　D．操作系统与通用计算机相同

（3）嵌入式系统可按嵌入式（　　）应用、实时性和软件结构等原则进行分类。

A．处理器的位数　　　　　　　　　　　B．处理器的厂家

C．可靠性　　　　　　　　　　　　　　D．可移植性

1.2　问答题

（1）简述嵌入式系统的概念、组成及特点。

（2）简述嵌入式系统开发的基本流程。

（3）搭建嵌入式系统 Linux 开发环境时，宿主机要连接目标机，一般使用什么通信接口连接？在宿主机端使用什么软件建立连接？

1.3　实验题

（1）搭建嵌入式系统 Linux 开发环境，完成任务 1-1～任务 1-7 中的操作。

（2）使用 shell 语句实现密码设置。

项目 2　开发嵌入式系统基本软/硬件

知识重点	嵌入式系统基本软/硬件开发技术
知识难点	嵌入式硬件系统结构、组成和基本工作原理，ARM 系列的嵌入式微处理器及典型硬件接口电路
推荐教学方式	以任务驱动为导向，演示仿真月球车的巡迹控制的实现过程
建议学时	16 学时
推荐学习方法	嵌入式硬件系统结构重在理解，软件系统实现重在动手实现，在做中学、学中做
必须掌握的理论知识	嵌入式系统硬件系统结构，嵌入式应用软件的设计方法
必须掌握的技能	基于 ARM 系列的嵌入式微处理器的典型硬件接口电路应用，嵌入式系统 Linux C 软件开发

项 目 概 况

本项目以实现仿真月球车的巡迹控制为目标，通过学习 ARM 嵌入式微处理器与接口知识，在嵌入式系统的集成开发环境中采用基于 Linux 的应用程序设计方法设计控制程序，并在 ARM 板内刻录开发的可执行文件实现仿真月球车的巡迹控制，包括前进、后退、左右方向拐弯。

预 备 知 识

嵌入式系统硬件系统结构、组成和基本工作原理，ARM 系列的嵌入式微处理器及典型硬件接口电路是什么？嵌入式系统软件系统设计方法是什么？如何利用构建好的嵌入式系统 Linux 开发环境进行软件开发？下面从嵌入式系统软/硬件系统出发，详细地介绍这些基本概念及其相关知识，为实现项目任务奠定基础。

2.1　ARM 微处理器的结构

ARM（Advanced RISC Machines）既可以认为是一个公司的名字，也可以认为是对一类微处理器的通称，还可以认为是一种技术的名字。1991 年 ARM 公司成立于英国剑桥，主要出售芯片设计技术的授权。目前，采用 ARM 技术知识产权（IP）核的微处理器，即通常所说的 ARM 微处理器，已遍及工业控制、消费类电子产品、通信系统、网络系统、无线系统、军用系统等各类产品市场，基于 ARM 技术的微处理器应用占据了 32 位 RISC 微处理器 70%以上的市场份额，ARM 技术正在逐步渗入到生活的各个方面。ARM 公司是专门从事基于 RISC 技术芯片设计开发的公司，作为知识产权供应商，本身不直接从事芯片生产，靠转让设计许可，由合作公司生产各具特色的芯片，世界各大半导体生产商从 ARM 公司购买其 ARM 微处理器核，根据各自不同的应用领域，加入适当的外围电路，从而形成自己的 ARM 微处理器芯片进入市场。目前全世界有几十家大的半导体公司都使用 ARM 公司的授权，因此既使得 ARM 技术获得更多的第三方工具、制造、软件的支持，又使整个系统成本降低，使产品更容易进入市场并被消费者所接受，更具有竞争力。

2.1.1　典型的 ARM 体系结构

一个典型的 ARM 体系结构方框图如图 2.1 所示，包含有 32 位 ALU、31 个 32 位通用寄存器及 6 个状态寄存器、32×8 位乘法器、32×32 位桶形移位寄存器、指令译码及控制逻辑、指令流水线和数据/地址寄存器等。

1. ALU

ARM 体系结构的 ALU 与常用的 ALU 逻辑结构基本相同，由两个操作数锁存器、加法器、逻辑功能、结果及零检测逻辑构成。ALU 的最小数据通路周期包含寄存器读时间、移位器延迟、ALU 延迟、寄存器写建立时间、双相时钟间非重叠时间等几部分。

2. 桶形移位寄存器

ARM 采用了 32×32 位桶形移位寄存器，左移/右移 n 位、环移 n 位和算术右移 n 位等都可以一次完成，可以有效地减少移位的延迟时间。在桶形移位寄存器中，所有的输入端通过交叉开关（Crossbar）与所有的输出端相连。交叉开关采用 NMOS 晶体管来实现。

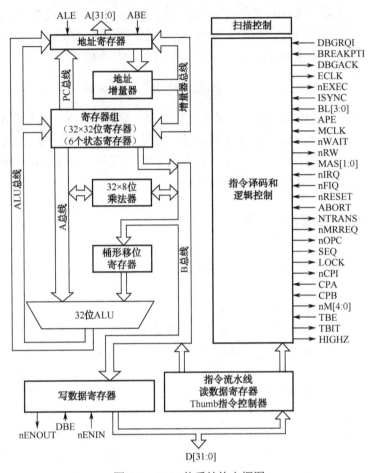

图 2.1　ARM 体系结构方框图

3. 高速乘法器

ARM 为了提高运算速度，采用 2 位乘法的方法，2 位乘法可根据乘数的 2 位来实现"加—移位"运算。ARM 的高速乘法器采用 32×8 位的结构，完成 32×2 位乘法也只需 5 个时钟周期。

4. 浮点部件

在 ARM 体系结构中，浮点部件作为选件可根据需要选用，FPA10 浮点加速器以协处理器方式与 ARM 相连，并通过协处理器指令的解释来执行。

浮点的 Load/Store 指令使用频度要达到 67%，故 FPA10 内部也采用 Load/Store 结构，有 8 个 80 位浮点寄存器组，指令执行也采用流水线结构。

5. 控制器

ARM 的控制器采用硬接线的可编程逻辑阵列 PLA，其输入端有 14 根、输出端有 40 根，分散控制 Load/Store 多路、乘法器、协处理器及地址、寄存器 ALU 和移位器。

6. 寄存器

ARM 内含 37 个寄存器，包括 31 个通用 32 位寄存器和 6 个状态寄存器。

2.1.2　ARM 微处理器的特点

采用 RISC 架构的 ARM 微处理器一般具有如下特点。

（1）支持 Thumb（16 位）/ARM（32 位）双指令集，能很好地兼容 8 位/16 位器件。Thumb 指令集比通常的 8 位和 16 位 CISC/RISC 处理器具有更好的代码密度。

（2）指令执行采用 3 级流水线/5 级流水线技术。

（3）带有指令 Cache 和数据 Cache，大量使用寄存器，指令执行速度更快。大多数数据操作都在寄存器中完成。寻址方式灵活简单，执行效率高。指令长度固定（在 ARM 状态下是 32 位，在 Thumb 状态下是 16 位）。

（4）支持大端格式和小端格式两种方法存储数据。

（5）支持 Byte（字节，8 位）、Halfword（半字，16 位）和 Word（字，32 位）三种数据类型。

（6）支持用户、快中断、中断、管理、中止、系统和未定义等 7 种处理器模式，除了用户模式外，其余的均为特权模式。

（7）处理器芯片上都嵌入了在线仿真 ICE-RT 逻辑，便于通过 JTAG 来仿真调试 ARM 体系结构芯片，可以避免使用昂贵的在线仿真器。另外，在处理器核中还可以嵌入跟踪宏单元 ETM，用于监控内部总线，实时跟踪指令和数据的执行。

（8）具有片上总线 AMBA（Advanced Micro-controller Bus Architecture）。

（9）AMBA 定义了 3 组总线：先进高性能总线 AHB（Advanced High performance Bus）；先进系统总线 ASB（Advanced System Bus）；先进外围总线 APB（Advanced Peripheral Bus）。通过 AMBA 可以方便地扩充各种处理器及 I/O，可以把 DSP、其他处理器和 I/O（如 UART、定时器和接口等）都集成在一块芯片中。

（10）采用存储器映像 I/O 的方式，即把 I/O 端口地址作为特殊的存储器地址。

（11）具有协处理器接口。ARM 允许接 16 个协处理器，如 CP15 用于系统控制，CP14 用于调试控制器。

（12）采用了降低电源电压，可工作在 3.0V 以下；减少门的翻转次数，当某个功能电路不需要时禁止门翻转；减少门的数目，即降低芯片的集成度；降低时钟频率等一些措施降低功耗。

（13）体积小、低成本、高性能。

2.1.3　常见 ARM 微处理器

ARM 微处理器包括 ARM7、ARM9、ARM9E、ARM10E、SecurCore 及 Intel 的 StrongARM、XScale 和其他厂商基于 ARM 体系结构的处理器，除了具有 ARM 体系结构的共同特点以外，每一个系列的 ARM 微处理器都有各自的特点和应用领域。

1. ARM7 系列微处理器

包括 ARM7TDMI、ARM7TDMI-S、ARM720T、ARM7EJ 几种类型。其中，ARM7TDMI 是目前使用最广泛的 32 位嵌入式 RISC 处理器，主频最高可达 130MIPS，采用能够提供 0.9MIPS/MHz 的三级流水线结构，内嵌硬件乘法器（Multiplier），支持 16 位压缩指令集 Thumb，嵌入式 ICE，支持片上 Debug，支持片上断点和调试点。指令系统与 ARM9 系列、ARM9E 系列和 ARM10E 系列兼容，支持 Windows CE、Linux、Palm OS 等操作系统。典型产品如 Samsung 公司的 S3C4510B。

ARM7TDMI 处理器内核如图 2.2 所示。

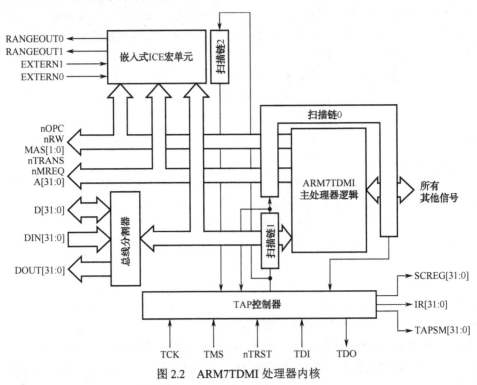

图 2.2　ARM7TDMI 处理器内核

ARM7TDMI 还提供了存储器接口、MMU 接口、协处理器接口和调试接口，以及时钟与总线等控制信号，如图 2.3 所示。存储器接口包括了 32 位地址 A[31:0]、双向 32 位数据总线 D[31:0]、单向 32 位数据总线 DIN[31:0]与 DOUT[31:0]及存储器访问请求 MREQ、地址顺序 SEQ、存储器访问控制 MAS[1:0]和数据锁存控制 BL[3:0]等控制信号。ARM7TDMI 处理器内核也可以 ARM7TDMI-S 软核（Softcore）形式向用户提供。同时，提供多种组合选择，如可以省去嵌入式 ICE 单元等。

2. ARM9 系列微处理器

ARM9 系列微处理器包含 ARM920T、ARM922T 和 ARM940T 几种类型，可以在高性能和低功耗特性方面提供最佳的性能。采用 5 级整数流水线，指令执行效率更高。提供 1.1MIPS/MHz 的哈佛结构。支持数据 Cache 和指令 Cache，具有更高的指令和数据处理能力。支持 32 位 ARM 指令集和 16 位 Thumb 指令集。支持 32 位的高速 AMBA 总线接口。

全性能的 MMU，支持 Windows CE、Linux、Palm OS 等多种主流嵌入式操作系统。MPU 支持实时操作系统。

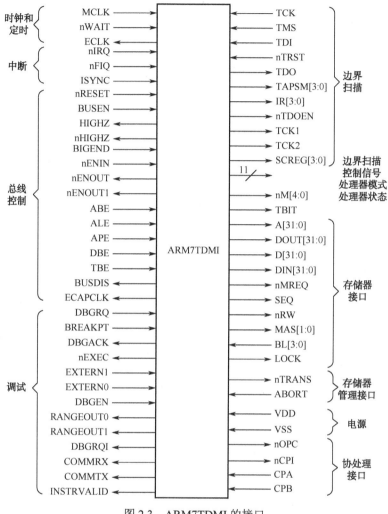

图 2.3　ARM7TDMI 的接口

　　ARM920T 处理器核在 ARM9TDMI 处理器内核基础上增加了分离式的指令 Cache 和数据 Cache，并带有相应的存储器管理单元 I-MMU 和 D-MMU、写缓冲器及 AMBA 接口等，如图 2.4 所示。

　　ARM940T 处理器核采用 ARM9TDMI 处理器内核，是 ARM920T 处理器核的简化版本，没有存储器管理单元 MMU，不支持虚拟存储器寻址，而是用存储器保护单元来提供存储保护和 Cache 控制。

　　ARM9 系列微处理器主要应用于无线通信设备、仪器仪表、安全系统、机顶盒、高端打印机、数字照相机和数字摄像机等。典型产品如 Samsung 公司的 s3c2440A。

　　ARM9E 系列微处理器包含 ARM926EJ-S、ARM946E-S 和 ARM966E-S 几种类型，使用单一的处理器内核，提供了微控制器、DSP、Java 应用系统的解决方案。ARM9E 系列微处理器提供了增强的 DSP 处理能力，很适合那些需要同时使用 DSP 和微控制器的应用场合。

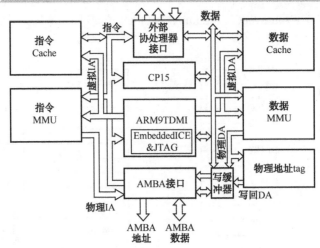

图 2.4　ARM920T 内核结构

ARM9E 系列微处理器支持 DSP 指令集，适合需要高速数字信号处理的场合。ARM9E 系列微处理器采用 5 级整数流水线，支持 32 位 ARM 指令集和 16 位 Thumb 指令集，支持 32 位的高速 AMBA 总线接口，支持 VFP9 浮点处理协处理器，MMU 支持 Windows CE、Linux、Palm OS 等多种主流嵌入式操作系统，MPU 支持实时操作系统，支持数据 Cache 和指令 Cache，主频最高可达 300MIPS。

ARM9 系列微处理器主要应用于下一代无线设备、数字消费品、成像设备、工业控制、存储设备和网络设备等领域。

3. ARM10E 系列微处理器

ARM10E 系列微处理器包含 ARM1020E、ARM1022E 和 ARM1026EJ-S 几种类型，由于采用了新的体系结构，与同等的 ARM9 器件相比，在同样的时钟频率下，性能提高了近 50%。同时采用了两种先进的节能方式，使其功耗极低。

ARM10E 系列微处理器支持 DSP 指令集，适合需要高速数字信号处理的场合。采用 6 级整数流水线，支持 32 位 ARM 指令集和 16 位 Thumb 指令集，支持 32 位的高速 AMBA 总线接口，支持 VFP10 浮点处理协处理器，MMU 支持 Windows CE、Linux、Palm OS 等多种主流嵌入式操作系统，支持数据 Cache 和指令 Cache，内嵌并行读/写操作部件，主频最高可达 400MIPS。

ARM10E 系列微处理器主要应用于下一代无线设备、数字消费品、成像设备、工业控制、通信和信息系统等领域。

4. SecurCore 系列微处理器

SecurCore 系列微处理器包含 SecurCore SC100、SecurCore SC110、SecurCore SC200 和 SecurCore SC210 几种类型，提供了完善的 32 位 RISC 技术的安全解决方案。

SecurCore 系列微处理器除了具有 ARM 体系结构的各种主要特点外，在系统安全方面：带有灵活的保护单元，以确保操作系统和应用数据的安全；采用软内核技术，防止外部对其进行扫描探测；可集成用户自己的安全特性和其他协处理器。

SecurCore 系列微处理器主要应用于如电子商务、电子政务、电子银行业务、网络和认证系统等一些对安全性要求较高的应用产品及应用系统中。

5. StrongARM 微处理器

Intel StrongARM 处理器是采用 ARM 体系结构高度集成的 32 位 RISC 微处理器，采用在软件上兼容 ARMv4 的体系结构，同时采用具有 Intel 技术优点的体系结构。典型产品如 SA110 处理器、SA1100、SA1110PDA 系统芯片和 SA1500 多媒体处理器芯片等。例如，其中的 Intel StrongARM SA-1110 微处理器是一款集成了 32 位 StrongARM RISC 处理器核、系统支持逻辑、多通信通道、LCD 控制器、存储器和 PCMCIA 控制器及通用 I/O 口的高集成度通信控制器。该处理器最高可在 206 MHz 下运行。SA-1110 有一个大的指令 Cache 和数据 Cache、内存管理单元（MMU）和读/写缓存。存储器总线可以和包括 SDRAM、SMROM 及类似 SRAM 的许多器件相接。软件与 ARM v4 结构处理器家族兼容。

Intel StrongARM 处理器是便携式通信产品和消费类电子产品的理想选择。

6. XScale 微处理器

Intel XScale 微体系结构提供了一种全新的、高性价比、低功耗且基于 ARMv5TE 体系结构的解决方案，支持 16 位 Thumb 指令和 DSP 扩充。基于 XScale 技术开发的微处理器可用于手机、便携式终端（PDA）、网络存储设备、骨干网（BackBone）路由器等。

Intel XScale 处理器的处理速度是 Intel StrongARM 处理速度的 2 倍，数据 Cache 的容量从 8 KB 增加到 32 KB，指令 Cache 的容量从 16 KB 增加到 32 KB，微小数据 Cache 的容量从 512 B 增加到 2 KB；为了提高指令的执行速度，超级流水线结构由 5 级增至 7 级；新增乘/加法器 MAC 和特定的 DSP 型协处理器，以提高对多媒体技术的支持；动态电源管理，使 XScale 处理器的时钟可达 1 GHz、功耗 1.6 W，并能达到 1200 MIPS。

XScale 微处理器架构经过专门设计，核心采用了英特尔先进的 0.18 μm 工艺技术制造；具备低功耗特性，适用范围从 0.1 mW～1.6 W。同时，它的时钟工作频率将接近 1 GHz。XScale 与 StrongARM 相比，可大幅降低工作电压并且获得更高的性能。具体来讲，在目前的 StrongARM 中，在 1.55 V 下可以获得 133 MHz 的工作频率，在 2.0 V 下可以获得 206 MHz 的工作频率；而采用 XScale 后，在 0.75 V 时工作频率达到 150 MHz，在 1.0 V 时工作频率可以达到 400 MHz，在 1.65 V 下工作频率则高达 800 MHz。超低功率与高性能的组合使 Intel XScale 适用于广泛的因特网接入设备，在因特网的各个环节中，从手持互联网设备到互联网基础设施产品，Intel XScale 都表现出了令人满意的处理性能。

Intel 采用 XScale 架构的嵌入式处理器典型产品有 PXA25x、PXA26x 和 PXA27x 系列。

ARM 微处理器的应用领域与选型。鉴于 ARM 微处理器的众多优点，随着国内外嵌入式应用领域的逐步发展，ARM 微处理器必然会获得广泛的重视和应用。但是，由于 ARM 微处理器有多达十几种的内核结构、几十个芯片生产厂家及千变万化的内部功能配置组合，给开发人员在选择方案时带来一定的困难，所以，对 ARM 芯片做一些对比研究是十分必要的。以下从应用的角度出发，对在选择 ARM 微处理器时所应考虑的主要问题做一些简要的探讨。从前面的介绍可知，ARM 微处理器包含一系列内核结构，以适应不同的应用领域，用户如果希望使用 WinCE 或标准 Linux 操作系统，就需要选择 ARM720T 以上带有 MMU（Memory Management Unit）功能的 ARM 芯片，ARM720T、ARM920T、ARM922T、ARM946T、Strong ARM 都带有 MMU 功能。而 ARM7TDMI 则没有 MMU，不支持 Windows CE 和标准 Linux，但目前有 μCLinux 及 μC/OS-II 等不需要 MMU 支持的操作系统可运行于 ARM7TDMI 硬件平台之上。事实上，μCLinux 已经成功移植到多种不带 MMU 的微处理器平台上，并在稳定性和其他方面都有上佳表现。

2.1.4 ARM 微处理器的寄存器结构

ARM 处理器共有 37 个寄存器，被分为若干个组（BANK），这些寄存器包括：31 个通用寄存器，包括程序计数器（PC 指针），均为 32 位的寄存器；6 个状态寄存器，用以标识 CPU 的工作状态及程序的运行状态，均为 32 位，目前只使用了其中的一部分。

1. 处理器运行模式

ARM 微处理器支持如下 7 种运行模式。

（1）usr（用户模式）：ARM 处理器正常程序执行模式。

（2）fiq（快速中断模式）：用于高速数据传输或通道处理。

（3）irq（外部中断模式）：用于通用的中断处理。

（4）svc（管理模式）：操作系统使用的保护模式。

（5）abt（数据访问终止模式）：当数据或指令预取终止时进入该模式，可用于虚拟存储及存储保护。

（6）sys（系统模式）：运行具有特权的操作系统任务。

（7）und（未定义指令中止模式）：当未定义的指令执行时进入该模式，可用于支持硬件协处理器的软件仿真。

ARM 微处理器的运行模式可以通过软件改变，也可以通过外部中断或异常处理改变。

大多数应用程序运行在用户模式下，当处理器运行在用户模式下时，某些被保护的系统资源是不能被访问的。除用户模式以外，其余的所有 6 种模式称为非用户模式或特权模式（Privileged Modes）；其中除去用户模式和系统模式以外的 5 种又称为异常模式（Exception Modes），常用于处理中断或异常，以及需要访问受保护的系统资源等情况。

ARM 处理器在每一种处理器模式下均有一组相应的寄存器与之对应。即在任意一种处理器模式下，可访问的寄存器包括 15 个通用寄存器（R0～R14）、1～2 个状态寄存器和程序计数器。在所有的寄存器中，有些是在 7 种处理器模式下公用的同一个物理寄存器，而有些则是在不同的处理器模式下有不同的物理寄存器。

2. 处理器工作状态

ARM 处理器有 32 位 ARM 和 16 位 Thumb 两种工作状态。在 32 位 ARM 状态下执行字对齐的 ARM 指令，在 16 位 Thumb 状态下执行半字对齐的 Thumb 指令。在 Thumb 状态下，程序计数器 PC（Program Counter）使用位[1]选择另一个半字。ARM 处理器在两种工作状态之间可以切换，切换不影响处理器的模式或寄存器的内容。

（1）当操作数寄存器的状态位（位[0]）为 1 时，执行 BX 指令进入 Thumb 状态。如果处理器在 Thumb 状态进入异常，则当异常处理（IRQ、FIQ、Undef、Abort 和 SWI）返回时，自动转换到 Thumb 状态。

（2）当操作数寄存器的状态位（位 [0]）为 0 时，执行 BX 指令进入 ARM 状态，处理器进行异常处理（IRQ、FIQ、Reset、Undef、Abort 和 SWI）。在此情况下，把 PC 放入异常模式链接寄存器中。从异常向量地址开始执行也可以进入 ARM 状态。

3．ARM 处理器的寄存器组织

ARM 处理器的 37 个寄存器被安排成部分重叠的组，不是在任何模式都可以使用的，寄存器的使用与处理器状态和工作模式有关。每种处理器模式使用不同的寄存器组。其中 15 个通用寄存器（R0～R14）、1 或 2 个状态寄存器和程序计数器是通用的。

通用寄存器（R0～R15）可分成不分组寄存器 R0～R7、分组寄存器 R8～R14 和程序计数器 R15 三类。

1）不分组寄存器 R0～R7

不分组寄存器 R0～R7 是真正的通用寄存器，可以工作在所有的处理器模式下，没有隐含的特殊用途。

2）分组寄存器 R8～R14

分组寄存器 R8～R14 取决于当前的处理器模式，每种模式有专用的分组寄存器用于快速异常处理。

寄存器 R8～R12 可分为两组物理寄存器。一组用于 FIQ 模式，另一组用于除 FIQ 以外的其他模式。第一组访问 R8_fiq～R12_fiq，允许快速中断处理。第二组访问 R8_usr～R12_usr，寄存器 R8～R12 没有任何指定的特殊用途。

寄存器 R13～R14 可分为 6 个分组的物理寄存器。1 个用于用户模式和系统模式，而其他 5 个分别用于 svc、abt、und、irq 和 fiq 五种异常模式。访问时需要指定它们的模式，如：R13_<mode>，R14_<mode>；其中：<mode>可以从 usr、svc、abt、und、irq 和 fiq 六种模式中选取一个。

寄存器 R13 通常用作堆栈指针，称作 SP。每种异常模式都有自己的分组 R13。通常 R13 应当被初始化成指向异常模式分配的堆栈。在入口处，异常处理程序将用到的其他寄存器的值保存到堆栈中；返回时，重新将这些值加载到寄存器。这种异常处理方法保证了异常出现后不会导致执行程序的状态不可靠。

寄存器 R14 用作子程序链接寄存器，也称为链接寄存器 LK（Link Register）。当执行带链接分支（BL）指令时，得到 R15 的备份。

在其他情况下，将 R14 当作通用寄存器。类似地，当中断或异常出现时，或当中断或异常程序执行 BL 指令时，相应的分组寄存器 R14_svc、R14_irq、R14_fiq、R14_abt 和 R14_und 用来保存 R15 的返回值。

FIQ 模式有 7 个分组的寄存器 R8～R14，映射为 R8_fiq～R14_fiq。在 ARM 状态下，许多 FIQ 处理没必要保存任何寄存器。User、IRQ、Supervisor、Abort 和 Undefined 模式每一种都包含两个分组的寄存器 R13 和 R14 的映射，允许每种模式都有自己的堆栈和链接寄存器。

3）程序计数器 R15

寄存器 R15 用作程序计数器（PC）。在 ARM 状态，位［1:0］为 0，位［31:2］保存 PC。

在 Thumb 状态，位 [0] 为 0，位[31:1] 保存 PC。R15 虽然也可用作通用寄存器，但一般不这么使用，因为对 R15 的使用有一些特殊的限制，当违反了这些限制时，程序的执行结果是未知的。

① 读程序计数器。指令读出的 R15 的值是指令地址加上 8 字节之后的。由于 ARM 指令始终是字对齐的，所以读出结果值的位 [1:0] 总是 0（在 Thumb 状态下，情况有所变化）。读 PC 主要用于快速地对邻近的指令和数据进行位置无关寻址，包括程序中的位置无关转移。

② 写程序计数器。写 R15 的通常结果是将写到 R15 中的值作为指令地址，并以此地址发生转移。由于 ARM 指令要求字对齐，通常希望写到 R15 中值的位[1:0]=0b00。

由于 ARM 体系结构采用了多级流水线技术，对于 ARM 指令集而言，PC 总是指向当前指令的下两条指令的地址，即 PC 的值为当前指令的地址值加 8 字节。

程序状态寄存器中寄存器 R16 用作程序状态寄存器 CPSR（Current Program Status Register，当前程序状态寄存器）。在所有处理器模式下都可以访问 CPSR。CPSR 包含条件码标志、中断禁止位、当前处理器模式及其他状态和控制信息。每种异常模式都有一个程序状态保存寄存器 SPSR（Saved Program Status Register）。当异常出现时，SPSR 用于保留 CPSR 的状态。

CPSR 和 SPSR 的格式如下。

① 条件码标志。

N、Z、C、V（Negative、Zero、Carry、oVerflow）均为条件码标志位（Condition Code Flags），它们的内容可被算术或逻辑运算的结果所改变，并且可以决定某条指令是否被执行。CPSR 中的条件码标志可由大多数指令检测以决定指令是否执行。在 ARM 状态下，绝大多数的指令都是有条件执行的。在 Thumb 状态下，仅有分支指令是有条件执行的。

通常条件码标志通过执行比较指令（CMN、CMP、TEQ、TST）或进行一些算术运算、逻辑运算和传送指令进行修改。

条件码标志的通常含义如下。

N：如果结果是带符号二进制补码，那么，若结果为负数，则 N=1；若结果为正数或 0，则 N=0。

Z：若指令的结果为 0，则置 1（通常表示比较的结果为"相等"），否则置 0。

C：可用如下 4 种方法之一设置。加法（包括比较指令 CMN）：若加法产生进位（即无符号溢出），则 C 置 1；否则置 0。减法（包括比较指令 CMP）：若减法产生借位（即无符号溢出），则 C 置 0；否则置 1。对于结合移位操作的非加法/减法指令，C 置为移出值的最后 1 位。对于其他非加法/减法指令，C 通常不改变。

V：可用如下两种方法设置，即对于加法或减法指令，当发生带符号溢出时，V 置 1，认为操作数和结果是补码形式的带符号整数；对于非加法/减法指令，V 通常不改变。

② 控制位。

程序状态寄存器 PSR（Program Status Register）的最低 8 位 I、F、T 和 M[4：0]用作控制位。当异常出现时改变控制位。处理器在特权模式下时也可由软件改变。

中断禁止位包括 I：置 1，则禁止 IRQ 中断；F：置 1，则禁止 FIQ 中断。

T 位包括：T=0，指示 ARM 执行；T=1，指示 Thumb 执行。

模式控制位，M4、M3、M2、M1 和 M0（M[4:0]）是模式位，决定处理器的工作模式，如表 2.1 所示。并非所有的模式位组合都能定义一种有效的处理器模式。其他组合的结果不可预知。

表 2.1　M[4:0]模式控制位

M[4:0]	处理器工作模式	可访问的寄存器
10000	用户模式	PC，CPSR，R14～R0
10001	FIQ 模式	PC，R7～R0，CPSR，SPSR_fiq，R14_fiq～R8_fiq
10010	IRQ 模式	PC，R12～R0，CPSR，SPSR_irq，R14_irq，R13_irq
10011	管理模式	PC，R12～R0，CPSR，SPSR_svc，R14_svc，R13_svc
10111	中止模式	PC，R12～R0，CPSR，SPSR_abt，R14_abt，R13_abt
11011	未定义模式	PC，R12～R0，CPSR，SPSR_und，R14_und，R13_und
11111	系统模式	PC，R14～R0，CPSR（ARM v4 及以上版本）

4）其他位

程序状态寄存器的其他位保留，用作以后的扩展。

Thumb 状态下的寄存器集如图 2.5 所示，是 ARM 状态下的寄存器集的子集。程序员可以直接访问 8 个通用寄存器（R0～R7）、PC、SP、LR 和 CPSR。每一种特权模式都有一组SP、LR 和 SPSR。

Thumb状态的通用寄存器和程序计数器

系统和用户	FIQ	管理	中止	IRQ	未定义
R0	R0	R0	R0	R0	R0
R1	R1	R1	R1	R1	R1
R2	R2	R2	R2	R2	R2
R3	R3	R3	R3	R3	R3
R4	R4	R4	R4	R4	R4
R5	R5	R5	R5	R5	R5
R6	R6	R6	R6	R6	R6
R7	R7	R7	R7	R7	R7
SP	SP_fiq*	SP_svc*	SI_abt*	SP_irq*	SP_und*
LR	LR_fiq*	LR_svc*	LR_abt*	LR_irq*	LR_und*
PC	PC	PC	PC	PC	PC

Thumb状态的程序状态计数器

CPSR	CPSR	CPSR	CPSR	CPSR	CPSR
	SPSR_fiq	SPSR_svc*	SPSR_abt*	SPSR_irq*	SPSR_und*

*　分组的寄存器。

图 2.5　Thumb 状态下寄存器组织

Thumb 状态 R0～R7 与 ARM 状态 R0～R7 是一致的。

Thumb 状态 CPSR 和 SPSR 与 ARM 状态 CPSR 和 SPSR 是一致的。

Thumb 状态 SP 映射到 ARM 状态 R13。

Thumb 状态 LR 映射到 ARM 状态 R14。

Thumb 状态 PC 映射到 ARM 状态 PC（R15）。

Thumb 状态与 ARM 状态的寄存器关系如图 2.6 所示。

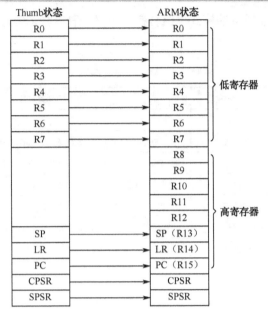

图 2.6 Thumb 状态与 ARM 状态的寄存器关系

在 Thumb 状态下，寄存器 R8～R15（高寄存器）并不是标准寄存器集的一部分。汇编语言编程者访问它虽有限制，但可以将其用作快速暂存存储器，将 R0～R7（Lo-registers，低寄存器）中的值传送到 R8～R15（Hi-registers，高寄存器）。

2.1.5 ARM 微处理器的异常处理

在一个正常的程序流程执行过程中，由内部或外部源产生的一个事件使正常的程序产生暂时的停止时，称之为异常。异常是由内部或外部源产生并引起处理器处理一个事件，如一个外部的中断请求。在处理异常之前，当前处理器的状态必须保留，当异常处理完成之后，恢复保留的当前处理器状态，继续执行当前程序。多个异常同时发生时，处理器将会按固定的优先级进行处理。

ARM 体系结构中的异常与单片机的中断有相似之处，但异常与中断的概念并不完全等同，如外部中断或试图执行未定义指令都会引起异常。

1. ARM 体系结构的异常类型

ARM 体系结构支持 7 种类型的异常，异常类型、异常处理模式和优先级如表 2.2 所示。异常出现后，强制从异常类型对应的固定存储器地址开始执行程序，这些固定的地址称为异常向量（Exception Vectors）。

表2.2 ARM 体系结构的异常类型和异常处理模式

异 常 类 型	异　　　常	进 入 模 式	地址（异常向量）	优 先 级
复位	复位	管理模式	0x0000,0000	1（最高）
未定义指令	未定义指令	未定义模式	0x0000,0004	6（最低）
软件中断	软件中断	管理模式	0x0000,0008	6（最低）

续表

异常类型	异　常	进入模式	地址（异常向量）	优先级
指令预取中止	中止（预取指令）	中止模式	0x0000,000C	5
数据中止	中止（数据）	中止模式	0x0000,0010	2
IRQ（外部中断请求）	IRQ	IRQ	0x0000,0018	4
FIQ（快速中断请求）	FIQ	FIQ	0x0000,001C	3

1）复位

当处理器的复位电平有效时，产生复位异常，ARM 处理器立刻停止执行当前指令。复位后，ARM 处理器在禁止中断的管理模式下，程序跳转到复位异常处理程序处执行（从地址 0x00000000 或 0xFFFF0000 开始执行指令）。

2）未定义指令异常

当 ARM 处理器或协处理器遇到不能处理的指令时，产生未定义指令异常。当 ARM 处理器执行协处理器指令时，它必须等待任一外部协处理器应答后，才能真正执行这条指令。若协处理器没有响应，就会出现未定义指令异常。若试图执行未定义的指令，也会出现未定义指令异常。未定义指令异常可用于在没有物理协处理器（硬件）的系统上，对协处理器进行软件仿真，或在软件仿真时进行指令扩展。

3）软件中断异常（Soft Ware Interrupt，SWI）

软件中断异常由执行 SWI 指令产生，可使用该异常机制实现系统功能调用，用于用户模式下的程序调用特权操作指令，以请求特定的管理（操作系统）函数。

4）指令预取中止

若处理器预取指令的地址不存在，或该地址不允许当前指令访问，存储器会向处理器发出存储器中止（Abort）信号，但当预取的指令被执行时，才会产生指令预取中止异常。

5）数据中止（数据访问存储器中止）

若处理器数据访问指令的地址不存在，或该地址不允许当前指令访问，产生数据中止异常。存储器系统发出存储器中止信号。响应数据访问（加载或存储）激活中止，标记数据为无效。在后面的任何指令或异常改变 CPU 状态之前，数据中止异常发生。

6）外部中断请求（IRQ）异常

当处理器的外部中断请求引脚有效，且 CPSR 中的 I 位为 0 时，产生 IRQ 异常。系统的外设可通过该异常请求中断服务。IRQ 异常的优先级比 FIQ 异常的优先级低。当进入 FIQ 处理时，会屏蔽掉 IRQ 异常。

7）快速中断请求（FIQ）异常

当处理器的快速中断请求引脚有效，且 CPSR 中的 F 位为 0 时，产生 FIQ 异常。FIQ 支持数据传送和通道处理，并有足够的私有寄存器。

2. 异常的响应过程

（1）当一个异常出现以后，ARM 微处理器会执行以下几步操作。

① 将下一条指令的地址存入相应连接寄存器 LR，以便程序在处理异常返回时能从正确的位置重新开始执行。若异常是从 ARM 状态进入的，LR 寄存器中保存的是下一条指令的地址（当前 PC+4 或 PC+8，与异常的类型有关）；若异常是从 Thumb 状态进入的，则在 LR 寄存器中保存当前 PC 的偏移量。

② 将 CPSR 状态传送到相应的 SPSR 中。

③ 根据异常类型，强制设置 CPSR 的运行模式位。

④ 强制 PC 从相关的异常向量地址取下一条指令执行，跳转到相应的异常处理程序。还可以设置中断禁止位，以禁止中断发生。

如果异常发生时处理器处于 Thumb 状态，则当异常向量地址加载入 PC 时，处理器自动切换到 ARM 状态。

（2）异常处理完毕之后，ARM 微处理器会执行以下几步操作从异常返回：

① 将连接寄存器 LR 的值减去相应的偏移量后送到 PC 中。

② 将 SPSR 内容送回 CPSR 中。

③ 若在进入异常处理时设置了中断禁止位，要在此清除。

可以认为应用程序总是从复位异常处理程序开始执行的，因此复位异常处理程序不需要返回。

在应用程序的设计中，异常处理采用的方式是在异常向量表中的特定位置放置一条跳转指令，跳转到异常处理程序。当 ARM 处理器发生异常时，程序计数器 PC 会被强制设置为对应的异常向量，从而跳转到异常处理程序，当异常处理完成以后，返回到主程序继续执行。

2.1.6 ARM 的存储器结构

ARM 体系结构允许使用现有的存储器和 I/O 器件进行各种各样的存储器系统设计。

1. 地址空间

ARM 体系结构使用 232 字节的单一、线性地址空间。将字节地址作为无符号数看待，范围为 0～232-1。

2. 存储器格式

对于字对齐的地址 A，地址空间规则要求如下：

地址位于 A 的字由地址为 A、A+1、A+2 和 A+3 的字节组成；

地址位于 A 的半字由地址为 A 和 A+1 的字节组成；

地址位于 A+2 的半字由地址为 A+2 和 A+3 的字节组成；

地址位于 A 的字由地址为 A 和 A+2 的半字组成。

ARM 存储系统可以使用小端存储或大端存储两种方法，大端存储和小端存储格式如图 2.7 所示。

ARM 体系结构通常希望所有的存储器访问能适当地对齐。用于字访问的地址通常应当字对齐，用于半字访问的地址通常应当半字对齐。未按这种方式对齐的存储器访问称作非对齐的存储器访问。

大端存储系统

31　　　　24	23　　　　16	15　　　　8	7　　　　0
地址A的字			
地址A的半字		地址A+2的半字	
地址A的字节	地址A+1的字节	地址A+2的字节	地址A+3的字节

小端存储系统

31　　　　20	19　　　　12	11 10 9 8	5 4 3 2 1 0
地址A的字			
地址A+2的半字		地址A+2的半字	
地址A+3的字节	地址A+2的字节	地址A+1的字节	地址A的字节

图 2.7　大端存储和小端存储格式

若在 ARM 态执行期间，将没有字对齐的地址写到 R15 中，那么结果通常不可预知或地址的位 [1:0] 被忽略。若在 Thumb 态执行期间，将没有半字对齐的地址写到 R15 中，则地址的位 [0] 通常被忽略。

3. ARM 存储器结构

ARM 处理器有的带有指令 Cache 和数据 Cache，但不带有片内 RAM 和片内 ROM。系统所需的 RAM 和 ROM（包括 Flash）都通过总线外接。由于系统的地址范围较大（232=4 GB），有的片内还带有存储器管理单元 MMU（Memory Management Unit）。ARM 架构处理器还允许外接 PCMCIA。

4. 存储器映射 I/O

ARM 系统使用存储器映射 I/O。I/O 口使用特定的存储器地址，当从这些地址加载（用于输入）或向这些地址存储（用于输出）时，完成 I/O 功能。加载和存储也可用于执行控制功能，代替或附加到正常的输入或输出功能。

然而，存储器映射 I/O 位置的行为通常不同于对一个正常存储器位置所期望的行为。例如，从一个正常存储器位置两次连续的加载，每次返回的值相同。而对于存储器映射 I/O 位置，第 2 次加载的返回值可以不同于第 1 次加载的返回值。

2.1.7　ARM 微处理器的接口

1. ARM 协处理器接口

为了便于片上系统 SoC 的设计，ARM 可以通过协处理器（CP）来支持一个通用指令集的扩充，通过增加协处理器来增加系统的功能。

在逻辑上，ARM 可以扩展 16 个（CP15～CP0）协处理器，其中，CP15 作为系统控制，CP14 作为调试控制器，CP7～CP4 作为用户控制器，CP13～CP8 和 CP3～CP0 保留。每个协处理器可有 16 个寄存器。例如，MMU 和保护单元的系统控制都采用 CP15 协处理器；JTAG 调试中的协处理器为 CP14，即调试通信通道 DCC（Debug Communication Channel）。

ARM 处理器内核与协处理器接口有以下 4 类。

（1）时钟和时钟控制信号：MCLK、nWAIT、nRESET。

（2）流水线跟随信号：nMREQ、SEQ、nTRANS、nOPC、TBIT。

（3）应答信号：nCPI、CPA、CPB。

（4）数据信号：D[31:0]、DIN[31:0]、DOUT[31:0]。

协处理器的应答信号中：nCPI 为 ARM 处理器至 CPn 协处理器信号，该信号低电压有效代表"协处理器指令"，表示 ARM 处理器内核标识了 1 条协处理器指令，希望协处理器去执行它；CPA 为协处理器至 ARM 处理器内核信号，表示协处理器不存在，目前协处理器无能力执行指令。

协处理器也采用流水线结构，为了保证与 ARM 处理器内核中的流水线同步，在每一个协处理器内需要有 1 个流水线跟随器（Pipeline Follower），用来跟踪 ARM 处理器内核流水线中的指令。由于 ARM 的 Thumb 指令集无协处理器指令，协处理器还必须监视 TBIT 信号的状态，以确保不把 Thumb 指令误解为 ARM 指令。

协处理器也采用 Load/Store 结构，用指令来执行寄存器的内部操作，从存储器取数据至寄存器或把寄存器中的数据保存至存储器中，以及实现与 ARM 处理器内核中寄存器之间的数据传送。而这些指令都由协处理器指令来实现。

2. ARM AMBA 接口

ARM 处理器内核可以通过先进的微控制器总线架构 AMBA（Advanced Microcontroller Bus Architecture）来扩展不同体系架构的宏单元及 I/O 部件。AMBA 已成为事实上的片上总线 OCB（On Chip Bus）标准。

AMBA 有 AHB（Advanced High-performance Bus，先进高性能总线）、ASB（Advanced System Bus，先进系统总线）和 APB（Advanced Peripheral Bus，先进外围总线）三类总线。

ASB 是目前 ARM 常用的系统总线，用来连接高性能系统模块，支持突发（Burst）方式数据传送。

AHB 不但支持突发方式的数据传送，还支持分离式总线事务处理，以进一步提高总线的利用率。特别是在高性能的 ARM 架构系统中，AHB 有逐步取代 ASB 的趋势，如在 ARM1020E 处理器核中。

APB 为外围宏单元提供了简单的接口，也可以把 APB 看作 ASB 的余部。

AMBA 通过测试接口控制器 TIC（Test Interface Controller）提供了模块测试的途径，允许外部测试者作为 ASB 总线的主设备来分别测试 AMBA 上的各个模块。

AMBA 中的宏单元也可以通过 JTAG 方式进行测试。虽然 AMBA 的测试方式通用性稍差些，但其通过并行口的测试比 JTAG 的测试代价也要低些。

一个基于 AMBA 的典型系统如图 2.8 所示。

3. ARM I/O 结构

ARM 处理器内核一般都没有 I/O 的部件和模块，ARM 处理器中的 I/O 可通过 AMBA 总线来扩充。

ARM 采用了存储器映像 I/O 的方式，即把 I/O 端口地址作为特殊的存储器地址。一般的 I/O，如串行接口，它有若干个寄存器，包括发送数据寄存器（只写）、数据接收寄存器（只读）、控制寄存器、状态寄存器（只读）和中断允许寄存器等。这些寄存器都需要相应的 I/O 端口地址。应注意的是存储器的单元可以重复读多次，其读出的值是一致的；而 I/O 设备的连续两次输入，其输入值可能不同。

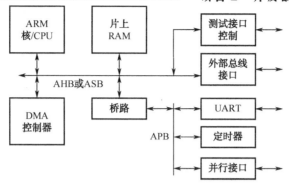

图 2.8   一个基于 AMBA 的典型系统

在许多 ARM 体系结构中 I/O 单元对于用户是不可访问的，只可以通过系统管理调用或通过 C 的库函数来访问。

ARM 架构的处理器一般都没有 DMA（直接存储器存取）部件，只有一些高档的 ARM 架构处理器才具有 DMA 的功能。

为了提高 I/O 的处理能力，对于一些要求 I/O 处理速率比较高的事件，系统安排了快速中断 FIQ（Fast Interrupt reQuest），而对其余的 I/O 源仍安排一般中断 IRQ。

为提高中断响应的速度，在设计中可以采用以下办法。

（1）提供大量后备寄存器，在中断响应及返回时，作为保护现场和恢复现场的上下文切换（Context Switching）之用。

（2）采用片内 RAM 的结构，这样可以加速异常处理（包括中断）的进入时间。

（3）快存 Cache 和地址变换后备缓冲器 TLB（Translation Lookaside Buffer）采用锁住（Locked down）方式以确保临界代码段不受"不命中"的影响。

4. ARM JTAG 调试接口

JTAG（Joint Test Action Group，联合测试行动小组）是一种国际标准测试协议，主要用于芯片内部测试及对系统进行仿真、调试。JTAG 技术是一种嵌入式调试技术，它在芯片内部封装了专门的测试电路 TAP（Test Access Port，测试访问口），通过专用的 JTAG 测试工具对内部节点进行测试。目前大多数比较复杂的器件都支持 JTAG 协议，如 ARM、DSP、FPGA 器件等。

JTAG 测试允许多个器件通过 JTAG 接口串联在一起，形成一个 JTAG 链，能实现对各个器件分别测试。JTAG 接口还常用于实现 ISP（In-System Programmable，在系统编程）功能，如对 Flash 器件进行编程等。

通过 JTAG 接口，可对芯片内部的所有部件进行访问，因而是开发调试嵌入式系统的一种简洁、高效的手段。

标准的 JTAG 接口是 4 线式的，分别为 TMS（测试模式选择）、TCK（测试时钟）、TDI（测试数据输入）和 TDO（测试数据输出）。目前 JTAG 接口的连接有 14 针接口和 20 针接口两种标准。

ARM JTAG 调试接口的结构如图 2.9 所示。它由测试访问端口 TAP（Test Access Port）控制器、旁路（Bypass）寄存器、指令寄存器、数据寄存器及与 JTAG 接口兼容的 ARM 架构处理器组成。处理器的每个引脚都有一个移位寄存单元（边界扫描单元（Boundary Scan Cell，BSC）），它将 JTAG 电路与处理器核逻辑电路联系起来，同时，隔离了处理器核逻辑电路与芯片引脚。所有边界扫描单元构成了边界扫描寄存器 BSR，该寄存器电路仅在进行 JTAG 测试时有效，在处理器内核正常工作时无效。

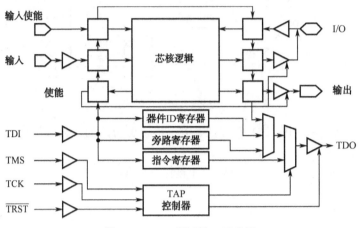

图 2.9　JTAG 调试接口示意图

2.2　ARM 微处理器 S3C2440

三星公司的 16/32 位精简指令集（RISC）微处理器 S3C2440 为手持设备和普通应用提供了低功耗和高性能的小型芯片微控制器的解决方案。为了降低整体系统成本，S3C2440 还提供了丰富的内部设备。S3C2440 基于 ARM920T 核心，包含 0.13 μm 的 CMOS 标准宏单元和存储器单元，低功耗、简单、精致且全静态设计，特别适合于对成本和功率敏感型的应用。它采用了新的总线架构如先进微控制总线构架（AMBA）。

S3C2440 的突出特点是，其处理器核心是一个由 Advanced RISC Machines（ARM）公司设计的 16/32 位 ARM920T 的 RISC 处理器。ARM920T 实现了 MMU、AMBA 总线和哈佛结构高速缓冲体系结构。这一结构具有独立的 16 KB 指令高速缓存和 16 KB 数据高速缓存。每个都由具有 8 字长的行（line）组成。通过提供一套完整的通用系统外设，S3C2440 降低了整体系统成本且无须配置额外的组件。

2.2.1　S3C2440 存储器控制器

S3C2440 可寻址 1 GB 的地址范围，但是 S3C2440 的地址线只有 27 根，理论上只能寻址 2^{27} 即 128 MB 的地址范围。于是 S3C2440 通过一个称为 BANK 的机制解决了这个问题。S3C2440 引出了 8 根 BANK 线（对应 nGCS0～nGCS7），通过这 8 根线来选通和关闭不同的存储器，这样 S3C2440 最多就可以连接 8 个 128 MB 的存储器，只要在某一时刻只选通一个 BANK 就可以实现 1 GB 的寻址空间。每个 BANK 有个地址，对该 BANK 地址的访问实际上就是选通该 BANK，于是 ARM 核只要发出一个地址，然后 S3C2440 的储存控制器只要把该地址解释成两部分：一部分是 BANK 地址，另一部分是连接到该 BANK 存储器内

部的地址就可以访问了。而作为 32 位的 CPU，可以使用的地址范围理论上可以达到 2^{32} 即 4 GB，除去上述 1 GB 地址空间，还有一部分是 CPU 内部寄存器的地址，剩下的地址空间没有使用。

S3C2440 存储器结构图如图 2.10 所示。

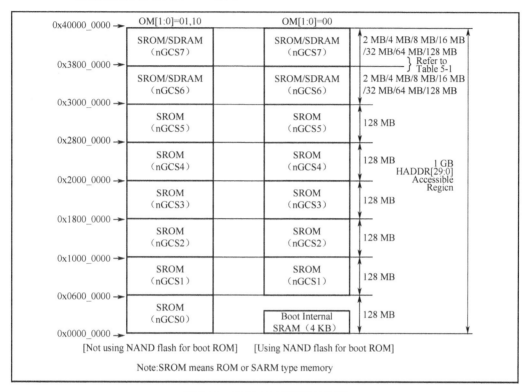

图 2.10　S3C2440 存储器结构图

2.2.2　复位、时钟和电源管理

S3C2440 的时钟可以选用晶振（XTAL），也可以使用外部时钟（EXTCLK)，由系统复位时在复位信号上升沿对引脚 OM3、OM2 所测的状态来确定。时钟和电源管理模块由三部分组成：时钟控制（clock CONT）、USB 控制（usb CONT）和电源控制（power CONT）。

S3C2440 中的时钟控制逻辑可以产生必需的时钟信号，包括 CPU 的 FCLK，AHB 总线（主要用于高性能模块如 CPU、DMA 和 DSP 等之间的连接）外设的 HCLK 及 APB 总线（主要用于低带宽的周边外设之间的连接）外设的 PCLK。S3C2440A 包含两个锁相环（PLL）：一个提供给 FCLK、HCLK 和 PCLK；另一个专用于 USB 模块（48 MHz）。时钟控制逻辑可以不使用 PLL 来减慢时钟，且可以由软件连接或断开各外设模块的时钟，以降低功耗。

关于电源控制逻辑，S3C2440A 包含了各种电源管理方案来保证对给定任务的最佳功耗。S3C2440A 中的电源管理模块可以激活成四种模式：NORMAL、SLOW、IDLE（空闲）和 SLEEP。

NORMAL：这个模式提供时钟给 CPU，也提供给所有 S3C2440A 的外设。在此模式中，所有外设都开启时功耗将达到最大。它允许用户用软件控制外设的运行。例如，如果一个定时器不是必需的，用户可以断开连接到定时器的时钟（CLKCON 寄存器），以降低功耗。

SLOW：无 PLL 模式。慢速模式使用一个外部时钟（XTIpll 或 EXTCLK）直接作为 FCLK 给 S3C2440A，而没有使用 PLL。在此模式中，功耗只取决于外部时钟的频率。排除了因 PLL 而产生的功耗。

IDLE：这个模块只断开了 CPU 内核的时钟（FCLK），但它提供时钟给所有其他外设。空闲模式减少了因 CPU 内核而产生的功耗。任何中断请求给 CPU 都可以使其从空闲模式中唤醒。

SLEEP：这个模式断开了内部供电。因此在此模式中 CPU 和除唤醒逻辑以外的内部逻辑单元都没有电源消耗。激活睡眠模式需要两个独立的供电电源。两个电源之一提供电源给唤醒逻辑，另一个提供电源给包括 CPU 在内的其他内部逻辑，而且应当能够控制供电的开和关。在睡眠模式中，第二个为 CPU 和内部逻辑供电的电源将被关闭。可以由 EINT[15:0]或 RTC 中断产生从睡眠模式中唤醒。

时钟控制中的 Mpll（M 即 main），用来产生三种时钟信号。

（1）Fclk：CPU 主频，相应的 1/Fclk 即为 CPU 时钟周期；

（2）Hclk：为 AHB 提供时钟，AHB 总线连接高速外设；

（3）Pclk：为 APB 提供时钟，低速外设通过 APB 总线互连。

主时钟源来自外部晶振或外部时钟，复位后 MPLL 虽然默认启动，但是如果不向 MPLLCON 中写入 value，那么外部晶振直接作为系统时钟。外部晶振有两个：一用于系统时钟，为 12 MHz；另一个用于 RTC，为 32.768 kHz。没有向 MPLLCON 写入数值时系统时钟是 12 MHz。从这里也可以发现一个问题，如果外部晶振开始没有焊上，那么系统是无法正常启动的。因为按照上述规则，复位后还没有写入 MPLLCON，这时又没有可以使用的时钟源，所以不会启动。也就是硬件完成后，这个 12 MHz 的晶振是一定要焊上的，这样才能进行后续的硬件测试工作。

具体时钟设置主要基于 PLL 的特点。简单地描述就是，上电复位，几毫秒后晶振起振，当 OSC（XTIpll）时钟信号稳定之后，nRESET 电平拉高（这是硬件自动检测过程）。这时 PLL 开始按照默认的 PLL 配置工作，特殊性就在于，PLL 在上电复位后开始是不稳定的，所以 S3C2440 设计为把 F_{in}（输入频率）在上电复位后直接作为 F_{clk}，这时 MPLL 是不起作用的。如果要想让 MPLL 起作用，方法就是写入 MPLLCON 寄存器值，然后等待 LOCKTIME 时间后，新的 F_{clk} 开始工作。

2.2.3　S3C2440 的 I/O 口

S3C2440 有 130 个多功能的输入/输出引脚，分为 9 个端口。

（1）Port A(GPA)：25-output port；

（2）Port B(GPB)：11-input/out port；

（3）Port C(GPC)：16-input/output port；

（4）Port D(GPD)：16-input/output port；

（5）Port E(GPE)：16-input/output port；

（6）Port F(GPF)：8-input/output port；

（7）Port G(GPG)：16-input/output port；

（8）Port H(GPH)：9-input/output port；

（9）Port J(GPJ)：13-input/output port。

每个端口可以很容易地通过软件配置，以满足不同的系统配置和设计要求。如果引脚不用于复用功能，则引脚可配置为普通的 I/O 口。其中 A 端口做普通 I/O 口时只能用于输出。

端口控制如下所述。

（1）端口配置寄存器（GPACON-GPJCON）。在 S3C2440 中，大部分的引脚都是可以复用的。因此，端口配置寄存器可以决定每个引脚的功能。如果 PE0～PE7 在省电模式下被用作唤醒信号，这些端口必须配置在中断模式下。

（2）端口数据寄存器（GPADAT-GPJDAT）。如果端口配置为输出端口，数据可以被写入到相应的 PnDAT 位；如果端口配置为输入端口，可以从相应的 PnDAT 位读取数据。

（3）端口上拉寄存器（GPBUP-GPJUP）。该端口上拉寄存器控制的上拉电阻使能/禁用每个口组。当相应的位为 0 时，该引脚上拉电阻使能；为 1 时，上拉电阻将被禁用。如果上拉寄存器使能，无论引脚功能寄存器如何设置（输入、输出、数据、中断等），对应引脚输出高电平。

（4）MISCELLANEOUS 控制寄存器。这个寄存器控制数据端口上拉寄存器选择处于休眠模式、USB 块和 CLKOUT 逻辑时钟输出哪种状态。

（5）外部中断控制寄存器。24 个外部中断源通过各种方式来请求中断。外部中断寄存器可以选择低电平触发、高电平触发、下降沿触发、上升沿触发和双边沿触发来请求中断。由于每个外部中断引脚有一个数字滤波器，中断控制器可以识别比 3 个时钟周期更长的请求信号。EINT[15:0]用于唤醒电源。

2.2.4　S3C2440 的中断控制

CPU 和外设构成了计算机系统，CPU 和外设之间通过总线进行连接，用于数据通信和控制，CPU 管理监视计算机系统中的所有硬件，通常以两种方式来对硬件进行管理监视。

查询方式：CPU 不停地去查询每一个硬件的当前状态，根据硬件的状态决定处理与否。就像工厂里的检查员，不停地检查各个岗位的工作状态，发现情况及时处理。这种方式实现起来简单，通常用在只有少量外设硬件的系统中，如果一个计算机系统中有很多硬件，这种方式无疑是耗时、低效的，同时还占用大量 CPU 资源，并且对多任务系统反应迟钝。

中断方式：当某个硬件产生需要 CPU 处理的事件时，主动通过一根信号线"告知"CPU，同时设置某个寄存器里对应的位，CPU 一旦发现这根信号线上的电平有变化，就会中断当前程序，去处理发出该中断请求的事件。这就像是医院重危病房，病房每张病床床头都有一个应急按钮，该按钮连接到病房监控室控制台上的一盏指示灯，只要该张病床出现紧急情况，病人按下按钮，病房监控室里的电铃就会响起，通知医护人员有紧急情况，医护人员查看控制台上的指示灯，找出具体病房、病床号，直接过去处理紧急情况。中断处理方式比查询方式要复杂得多，并且需要硬件支持，但是它处理的实时性更高，嵌入式

系统里基本都使用这种方式来处理。

系统中断是嵌入式硬件实时地处理内部或外部事件的一种机制。对于不同 CPU 而言，中断的处理只是细节不同，大体处理流程都一样，S3C2440 的中断控制器结构如图 2.11 所示。

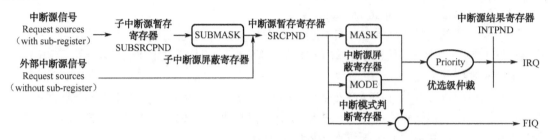

图 2.11　S3C2440 的中断控制器结构

中断请求由硬件产生，根据中断源类型分别将中断信号送到 SUBSRCPND 和 SRCPND 寄存器，SUBSRCPND 是子中断源暂存寄存器，用来保存子中断源信号，SRCPND 是中断源暂存寄存器，用来保存中断源信号。中断信号可通过编程方式屏蔽掉，SUBMASK 是子中断源屏蔽寄存器，可以屏蔽指定的子中断信号，MASK 功能同 SUBMASK，用来屏蔽中断源信号。中断分为两种模式：一般中断和快速中断。MODE 是中断模式判断寄存器，用来判断当前中断是否为快速中断，如果为快速中断，则直接将快速中断信号送给 ARM 内核；如果不是快速中断，还要将中断信号进行仲裁选择。S3C2440A 支持多达 60 种中断，多个硬件很有可能同时产生中断请求，这时要求中断控制器做出裁决，Priority 是中断源优先级仲裁选择器，当产生多个中断时，选择出优先级最高的中断源进行处理，INTPND 是中断源结果寄存器，里面存放优先级仲裁出的唯一中断源。

中断的产生——中断源。S3C2440A 支持 60 种中断源，基本满足了开发板内部、外部设备等对中断的需求。其中每一个中断源对应寄存器中的一位，显然要支持 60 种中断至少需要两个 32 位寄存器，SUBSRCPND 和 SRCPND 分别保存中断源信号。

S3C2440A 对 60 种中断源的管理是按层级分的，如图 2.12 所示。

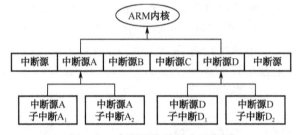

图 2.12　中断源信号复合示意图

S3C2440 将中断源分为两级：中断源和子中断源。中断源里包含单一中断源和复合中断源，复合中断源是子中断源的复合信号。如实时时钟中断，该硬件只会产生一种中断，它是单一中断源，直接将其中断信号线连接到中断源寄存器上。对于复合中断源，以 UART 串口为例进行说明，S3C2440 可以支持三个 UART 串口，每个串口对应一个复合中断源信号 INT_UARTn，每个串口可以产生三种中断，也就是三个子中断：接收数据中断

INT_RXDn、发送数据中断 INT_TXDn、数据错误中断 INT_ERRn。这三个子中断信号在中断源寄存器复合为一个中断信号，三种中断中任何一个产生都会将中断信号传递给对应的中断源 INT_UARTn，然后通过中断信号线传递给 ARM 内核，如图 2.13 所示。

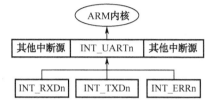

图 2.13　UART 串口中断源信号复合示意图

表 2.3 列出了 S3C2440 部分中断源，它分别对应中断源寄存器的某个位：详细中断源请查看 S3C2440 硬件手册。

表 2.3　S3C2440 部分中断源

中　断　源	描　述	优先级仲裁分组
INT_ADC	数模转换和触摸屏中断	ARB5
INT_RTC	实时时钟中断	ARB5
INT_UART0	UART0 中断（包含子中断）	ARB5
INT_NFCON	NandFlash 控制中断	ARB4
INT_WDT_AC97	看门狗中断	ARB1
EINT8-23	外部中断 8～23（包含外部子中断）	ARB1
EINT4-7	外部中断 4～7（包含外部子中断）	ARB1
EINT3	外部中断 3	ARB0
EINT2	外部中断 2	ARB0
EINT1	外部中断 1	ARB0
EINT 0	外部中断 0	ARB0

中断信号除上述分法之外，还可以按照硬件位置分为内部中断源和外部中断源。

内部中断源：它是嵌入式系统中常见硬件产生的中断信号，如 UART 串口中断源、时钟 Timer 中断源、看门狗中断源等。

外部中断源：有时嵌入式系统要在外部接口上挂载一些外部设备，这些设备并不是一个通用嵌入式系统的必备硬件，如蓝牙模块、各种传感器、WiFi 无线通信模块，这些硬件也要产生中断让 CPU 来处理数据，因此这些外设硬件通过中断信号线连接到中断控制器上，它们产生的中断叫作外部中断信号。它们有着和内部中断一样的处理机制，只不过没有一个固定的中断号与之对应，硬件与嵌入式系统的连接方式与中断处理完全由系统硬件与软件设计者实现。外设硬件通过输入/输出接口 I/O Ports 挂接到嵌入式系统上，I/O Ports 向外设提供外部中断信号线、输出电源、频率时钟和输入输出信号线，外部硬件根据需要连接到 I/O Ports 上，产生中断时向外部中断信号线上送出中断信号，通过外部中断信号线传递到中断控制器。

S3C2440 可以支持 EINT0～EINT23 共 24 种外部中断，完全可以满足小型嵌入式设备外设硬件的需求。

外部中断源也分为外部中断源和外部子中断源，其处理方式和内部中断源基本一样。

2.2.5　S3C2440 的 DMA 控制

SC2440 支持位于系统总线与外围总线之间的四通道 DMA 控制。每一道的 DMA 都可以处理以下四种情况：源和目的器件均在系统总线、源器件在系统总线而目的器件在外围总线、源器件在外围总线而目的器件在系统总线、源和目的器件均在外围总线。

DMA 最大的优点就是可以在没有 CPU 干涉的情况下进行数据传送。可以通过软件控制 DMA 启动，或者通过内部请求及外部请求引脚启动。

DMA 请求源：当 DCON 寄存器选择 DMA 请求方式为 H/W 时，每一通道的 DMA 控制器能在四个 DMA 请求源之中选择一种 DMA。（注意：如果 DCON 寄存器选择的是 S/W 请求方式，DMA 请求源是没有意义的。）

DMA 控制：DMA 使用三态的有限状态机制 FSM（Finite State Machine）对其进行控制，以下用三步进行描述。

状态 1：初始状态，DMA 等待 DMA 请求。当 DMA 请求到达时，进入状态 2。在这一阶段 DMA ACK 和 INT REQ 均为 0。

状态 2：在这个阶段，DMA ACK 变成 1，计数器 CURR_TC 从 DCON[19:0] 寄存器加载数据。（注意：DMA ACK 保持 1 直到对其清零。）

状态 3：在这个阶段，DMA 对进行原子操作（atomic operation）的子有限状态机（sub-FSM）进行初始化。sub-FSM 从源地址读取数据并写进目的地址。在这个操作前，数据的大小和传输的大小均应给予考虑。在整体模式（Whole service mode）下的计数器（CURR_TC）为 0 之前，数据传输的操作将会继续。当 sub-FSM 完成原子操作后，主 FSM 进行倒计。另外，在计数器 CRRR_TC 为 0 及中断设置 DCON[29] 寄存器被置为 1 时，主 FSM 发出 INT REQ 信号。除此之外，同时清除 DMA ACK。（注意：在单一服务模式下，主 FSM 的三个状态在完成停止后，等待下一个 DMA REQ。当有新的 DMA REQ 到来时，就会重复三个状态。）

有限状态机：在数字电路系统中，有限状态机是一种十分重要的时序逻辑电路模块，它对数字系统的设计具有十分重要的作用。有限状态机是指输出取决于过去输入部分和当前输入部分的时序逻辑电路。一般来说，除了输入部分和输出部分外，有限状态机还含有一组具有"记忆"功能的寄存器，这些寄存器的功能是记忆有限状态机的内部状态，它们常被称为状态寄存器。在有限状态机中，状态寄存器的下一个状态不仅与输入信号有关，还与该寄存器的当前状态有关，因此有限状态机又可以认为是组合逻辑和寄存器逻辑的一种组合。其中，寄存器逻辑功能是存储有限状态机的内部状态；而组合逻辑有可以分为次态逻辑和输出逻辑两部分，次态逻辑的功能是确定有限状态机的下一个状态，输出逻辑的功能是确定有限状态机的输出。在实际应用中，根据有限状态机是否使用输入信号，设计人员经常将其分为 Moore 型有限状态机和 Mealy 型有限状态机两种类型。Moore 型有限状态机：其输出信号仅与当前状态有关，即可以把 Moore 型有限状态的输出看成当前状态的函数。Mealy 型有限状态机：其输出信号不仅与当前状态有关，还与所有的输入信号有关，即可以把 Mealy 型有限状态机的输出看成当前状态和所有输入信号的函数。

原子操作是计算机科学所指的可以结合起来的一组操作，使这些操作看起来像系统的一个单独操作，然而操作的结果只有两个：成功或失败。为了能实现原子操作，必须满足两个条件：在整组操作没有完成之前，不能有其他进程了解操作发生的变化；如果有任何一组操作失败，则一整组操作失败，且当前状态要被恢复到操作之前的状态。

外部 DMA DREQ/DACK 协议：外部 DMA 有三种请求/应答协议，分别是单一服务查询（Single Service Demand）、单一服务握手（Single Service Handshake）、整体服务握手（Whole Service Handshake）。每类定义的 DMA 请求和应答信号都与这些协议有关。

查询/请求（Demand/Handshake）模式的比较：查询/请求模式的区别在于 XnXDREQ 和 XnXDACK。查询模式（Demand Mode）：如果 XnXDREQ 保持低电平，下一个传输立即开始；否则等待 XnXDREQ 为低电平。握手模式（Handshake Mode）：如果 XnXDREQ 为高电平，DMA XnXDACK 的高电平维持 2 个周期；否则进入等待直到 XnXDREQ 为高电平。

DMA 专用寄存器：每通道 DMA 都有 9 个控制寄存器（总共有 36 个对四通道 DMA 进行控制的寄存器），其中 6 个是控制 DMA 传输的控制寄存器，另外 3 个是对 DMA 状态监视的控制器。

2.3　Linux C 程序开发

Linux 软件开发一直在 Internet 环境下进行，这个环境是全球性的，编程人员来自世界各地，只要能够访问 Web 站点，就可以启动一个以 Linux 为基础的软件项目。Linux 开发工作经常是在 Linux 用户决定共同完成一个项目时开始的。当开发工作完成后，该软件就被放到 Internet 站点上，任何用户都可以访问和下载它。由于这个活跃的开发环境，新的以 Linux 为基础的软件功能日益强大，而且呈现爆炸式的增长态势。大多数 Linux 软件是经过自由软件基金会（Free Software Foundation）提供的 GNU（GNU 即 GNU's not UNIX）公开认证授权的，因而通常被称作 GNU 软件。GNU 软件免费提供给用户使用，并被证明是非常可靠和高效的。许多流行的 Linux 实用程序如 C 编译器、Shell 和编辑器都是 GNU 软件应用程序。

1. Linux 编程风格

（1）GNU 风格。函数返回类型说明和函数名分两行放置，函数起始字符和函数开头左花括号放到最左边。

（2）尽量不要让两个不同优先级的操作符出现在相同的对齐方式中，应该附加额外的括号使得代码缩进可以表示出嵌套。

（3）按照如下方式排版 do-while 语句：

```
do
{
}while()
```

（4）每个程序都应该以一段简短的说明其功能的注释开头。

（5）为每个函数书写注释，说明函数是做什么的，需要哪些入口参数，参数可能值的含义和用途。如果用了非常见的、非标准的内容，或者可能导致函数不能工作的任何可能的值，应该进行特殊说明。如果存在重要的返回值，也需要说明。

（6）不要声明多个变量时跨行，每一行都以一个新的声明开头。当一个 if 中嵌套了另一个 if-else 时，应用花括号把 if-else 括起来。

（7）要在同一个声明中同时说明结构标识和变量或结构标识和类型定义（typedef）。先定义变量，再使用。

（8）尽量避免在 if 的条件中进行赋值。

（9）请在名字中使用下画线以分割单词，尽量使用小写；把大写字母留给宏和枚举常量，以及根据统一惯例使用的前缀。例如，应该使用类似 ignore_space_change_flag 的名字；不要使用类似 iCantReadThis 的名字。

（10）用于表明一个命令行选项是否给出的变量应该在选项含义的说明之后，而不是选项字符之后被命名。

（11）Linux 内核缩进风格是 8 个字符。

（12）Linux 内核风格采用 K&R 标准，将开始的大括号放在一行的最后，而将结束的大括号放在一行的第一位。

（13）命名尽量简洁。

（14）不应该使用诸如 ThisVariableIsATemporaryCounter 之类的名字。应该命名为 tmp，这样容易书写，也不难理解。

（15）命名全局变量，应该用描述性命名方式，如应该命名"count_active_users()"，而不是"cntusr( )"。

（16）本地变量应该避免过长。

（17）函数最好短小精悍，一般来说不要让函数的参数多于 10 个，否则应该尝试分解这个过于复杂的函数。

（18）通常情况，注释说明代码的功能，而不是其实现原理。避免把注释插到函数体内，而要写到函数前面，说明其功能，如果这个函数的确很复杂，其中需要有部分注释，可以写些简短的注释来说明那些重要的部分，但是不能过多。

2．Linux C 程序开发主要内容

Linux C 程序开发的主要内容包括 Linux 系统下常用的 C 语言程序编辑工具 vi 编辑器的使用、编译工具 gcc 操作；C 语言调试工具 gdb 调试命令及其功能；Linux 系统 C 语言项目管理工具 make 的使用；多线程程序开发设计。

2.3.1 vi 编辑器的使用

1．vi 有三种模式

vi 是 Linux 系统自带的一种文本编辑软件，vi 有三种模式，如图 2.14 所示。

（1）命令模式：command mode，输入执行特定 vi 功能的命令。

（2）输入模式：insert mode，输入、编辑、修改文本内容。

（3）末行模式：last line mode ，执行对文件的保存、退出、内容搜索等操作。

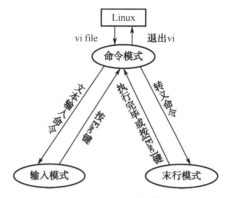

图 2.14　vi 的三种模式

2. vi 启动命令

vi 启动命令如表 2.4 所示。

表 2.4　vi 启动命令

命　　令	说　　明
vi filename	打开或新建文件，并将光标置于第一行首
vi +n filename	打开文件，将光标置于第 n 行首
vi +filename	打开文件，将光标置于最后一行首
vi +/pattern filename	打开文件，将光标置于第一个与 pattern 匹配的串处
vi −r filename	在上次正用 vi 编辑时发生崩溃，恢复 filename
vi filename e1…filenamen	打开多个文件依次进行编辑

3. vi 编辑器操作模式

vi 编辑器操作模式如图 2.15 所示。

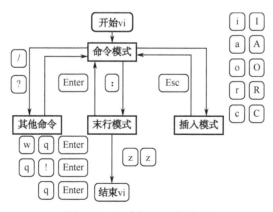

图 2.15　vi 编辑器操作模式

4. 命令模式下的操作

1）排版命令

左移一个字符：按 h 键。

右移一个字符：按 l 键。

上移一行：按 k 键。

下移一行：按 j 键。

移至行首：按^（Shift+6）键。

移至行尾：按$（Shift+4）键。

移至文件顶部：按 H 键。

移至文件尾部：按 L 键。

移至文件中部：按 M 键。

前翻一屏（下翻）：按 Ctrl+f 组合键。

后翻一屏（上翻）：按 Ctrl+b 组合键。

前翻半屏：按 Ctrl+d 组合键。

后翻半屏：按 Ctrl+u 组合键。

2）插入文本（进入输入模式）

在光标右边插入文本：按 a 键。

在一行的结尾处添加文本：按 A 键。

光标左边插入文本：按 i 键。

在行首插入文本：按 I 键。

在光标所在行的下一行插入新行：按 o 键。

在光标所在行的上一行插入新行：按 O 键。

3）撤销操作

撤销前一个命令：按 u 键。

撤销对一行的更改：按 U 键。

4）删除文本

删除一个字符：按 x 键。

删除一词：按 dw 键。

删除一行：按 dd 键。

删除行的部分内容：按 D 键（删除光标右的内容）。按 d0 键（删除光标左的内容）。

删除到文件的结尾：按 dG 键。

5）复制和粘贴

复制一行内容：按 yy 键。

粘贴：按 p 键。

剪切：按 dd 键。

6）查找字符串

按：/查找的内容。

按：n//跳到下一个出现处；

　　N//跳到上一个出现处。

注意： 某些特殊的字符（/ & ! . ^ * $ \ ?）对查找过程有特殊意义，并且在查找中被使用时必须"转意"，在转意一个特殊字符时，需在其前面加一个反斜杠（\）。

例如：要查找串"anything?"则输入："/anything\?"。

5. 末行方式下的操作

：w　[文件名]//保存文件。

：q//退出 VI。

：q!//退出不保存。

：wq//保存退出（或输入 ZZ；注：命令 ZZ 既不以冒号开头，也不后接回车键）。

2.3.2　gcc 编译器的使用

gcc 是 GNU 开源社区的一个编译器项目，最初只能编译 C 语言程序，是 GNU C Compiler 的英文缩写。GNU 是"GNU's Not UNIX"的递归缩写，是由 Richard Stallman 在 1983 年 9 月发起成立的一个开源社区，其目标是创建一套完全自由的操作系统。目前 Linux 中的许多软件来源于 GNU，如 Emacs、gcc 等。

随着众多开源爱好者对 gcc 功能的不断扩展和完善，如今的 gcc 能够完成对多种编程语言编写的程序的编译，包括 C、C++、Ada、Object C、Java、Fortran 等，因此，gcc 的含义也由原来的 GNU C Compiler 变为 GNU Compiler Collection，也就是 GNU 编译器家族。

gcc 将源代码程序转变为可执行程序的过程分为四个相互关联的步骤：预处理（也称预编译，Preprocessing）、编译（Compilation）、汇编（Assembly）和链接（Linking）。gcc 首先调用 cpp 进行预处理，对源代码文件中的文件包含（include）、预编译语句（如宏定义 define 等）进行宏替换处理；接着调用 ccl 进行编译，生成以.o 为后缀的目标文件；汇编过程针对源代码中汇编语言代码的步骤，调用 as 将以.S 和.s 为后缀的汇编语言源代码文件进行汇编之后生成以.o 为后缀的目标文件；当所有的目标文件都生成之后，gcc 就调用 ld 来完成链接，在链接阶段，所有目标文件被安排在可执行程序中的恰当位置，同时，程序中所调用的库函数也从各自所在的函数库链接到适当的地方。

在 Linux 系统中，一般不通过文件名的后缀来区分文件，但 gcc 通过文件名的后缀来区分文件，因此，使用 gcc 编译文件时要按照 gcc 的要求给文件名加上相应的后缀。gcc 所支持的文件名后缀如表 2.5 所示。

表 2.5　gcc 所支持的文件名后缀

文件名后缀	文 件 类 型
.c	C 语言源程序文件
.a	由目标文件构成的档案库文件

文件名后缀	文 件 类 型
.C 或.cc 或.cxx	C++源程序文件
.h	头文件
.i	已经预处理过的 C 源程序文件
.ii	已经预处理过的 C++源程序文件
.m	Object C 源程序文件
.o	编译后的目标文件
.s	汇编语言源程序文件
.S	已经预处理过的汇编语言源程序文件

1. gcc 的使用方法

gcc 在使用时需要给出参数来执行相应的功能，gcc 的参数有 100 多个，其中大多数参数不经常使用，本书仅介绍常用的几个参数，想全面了解 gcc 参数的读者可参阅专门的 gcc 手册。

gcc 的用法为：gcc [参数]文件列表，常用的参数含义如下。

-c：编译生成以.o 为后缀的目标文件，不生成可执行文件。当一个程序的代码分布在不同文件中时，经常使用该参数对这些文件进行单独编译，然后对产生的所有以.o 为后缀的目标文件进行链接，生成可执行文件。

-o：该参数后面跟要生成的可执行文件的名称，该参数默认时生成的可执行文件名称为 a.out。

-g：生成符号调试工具（GNU 的 gdb）所需要的符号信息，要想使用 gdb 对可执行程序进行调试执行，必须加入这个参数。

-O：对编译、链接过程进行优化，产生的可执行代码的执行效率可以提高，但是速度会慢一些。

-O2：比-O 更好的优化，但过程会更慢。

-E：仅做预处理，处理结果在标准输出设备（显示器）输出。

-M：输出文件之间的依赖关系，通常为 make 程序所需要。

-MM：输出文件之间的依赖关系，但不包括头文件，通常为 make 程序所需要。

-S：编译到汇编语言。

-Wall：编译时显示警告信息。

-Idirname：当源程序中出现"#include "myh.h""语句时，cpp 预处理程序查找头文件"myh.h"的顺序为当前目录、dirname 目录、系统预设目录（一般为/usr/include）。

-Ldirname：ld 链接程序查找函数库文件的顺序为 dirname 目录，系统预设目录（一般为/usr/lib）。

-lname：ld 链接程序链接函数库文件"libname.a"。ld 链接程序会自动链接常用的函数库文件，对于一些特殊的函数库文件，如"libpthread.a"和用户自定义的函数库文件，需要使用该参数。

-v：显示编译器调用的程序及版本信息。

--version：显示版本信息。

gcc－c a.c b.c //分别编译源程序文件 a.c 和 b.c，生成目标文件 a.o 和 b.o。

gcc－o ab a.o b.o //将目标文件 a.o 和 b.o 进行链接，生成可执行文件 ab。

gcc－Wall－o my my.c//编译并链接源程序文件 my.c，生成可执行文件 my，并显示编译时的警告信息。

gcc－lpthread－o thread thread.c //编译并链接源程序文件 thread.c，生成可执行文件 thread，链接时链接"libpthread.a"函数库。

2. 交叉编译器 arm-linux-gcc 的使用方法

由于嵌入式系统 ARM 结构需要编译出运行在 ARM 平台上的代码，所使用的交叉编译器为 arm-linux-gcc。下面将以文件 example.c 为例说明 arm-linux-gcc 编译工具的一些常用命令参数使用方法。

1）arm-linux-gcc -o example example.c

不加-c、-S、-E 参数，编译器将执行预处理、编译、汇编、链接操作，直接生成可执行代码。

-o 参数用于指定输出的文件，输出文件名为 example，如果不指定输出文件，则默认输出 a.out。

2）arm-linux-gcc -c -o example.o example.c

-c 参数将对源程序 example.c 进行预处理、编译、汇编操作，生成 example.0 文件。

去掉指定输出选项"-o example.o"自动输出为 example.o，所以在这里-o 加不加都可以。

3）arm-linux-gcc -S -o example.s example.c

-S 参数将对源程序 example.c 进行预处理、编译，生成 example.s 文件。

-o 选项的含义同上。

4）arm-linux-gcc -E -o example.i example.c

-E 参数将对源程序 example.c 进行预处理，生成 example.i 文件，将#include、#define 等进行文件插入及宏扩展等操作。

5）arm-linux-gcc -v -o example example.c

加上-v 参数，显示编译时的详细信息、编译器的版本、编译过程等。

6）arm-linux-gcc -g -o example example.c

-g 选项，加入 gdb 能够使用的调试信息，使用 gdb 调试时比较方便。

7）arm-linux-gcc -Wall -o example example.c

-Wall 选项打开了所有需要注意的警告信息，如在声明之前就使用的函数、声明后却没有使用的变量等。

8）arm-linux-gcc -Ox -o example example.c

-Ox 使用优化选项，X 的值为空、0、1、2、3。

0 为不优化，优化的目的是减少代码空间和提高执行效率等，但相应的编译过程时间将较长并占用较大的内存空间。

9）arm-linux-gcc -I /home/include -o example example.c

-Idirname：将 dirname 所指出的目录加入到程序头文件目录列表中。如果在预设系统及当前目录中没有找到需要的文件，就到指定的 dirname 目录中去寻找。

10）arm-linux-gcc-L /home/lib -o example example.c

-Ldirname：将 dirname 所指出的目录加入到库文件的目录列表中。在默认状态下，链接程序 ld 在系统的预设路径中（如/usr/lib）寻找所需要的库文件，这个选项告诉链接程序，首先到-L 指定的目录中去寻找，然后到系统预设路径中寻找。

2.3.3　gdb 的使用方法

gdb 是 GNU 发布的一个功能强大的程序调试工具。源程序在用 gcc 编译时如果加上参数"-g"，生成的可执行文件就可以使用 gdb 进行调试执行。gdb 在调试执行某个程序时，可以设置多个断点，当程序执行到断点处时，会自动停下来，显示将要执行的语句编号和语句，用户此时可以通过显示指定变量的值、改变指定变量的值、调用执行指定函数等手段观察程序执行过程中变量的变化情况，然后，可以选择程序继续执行到下一个断点处，也可以逐条语句执行。调试执行程序过程中，可以改变程序中断点的设置。

1．gdb 使用方法简介

启动 gdb 的方法是在 Linux 命令窗口中执行命令："gdb 可执行文件"，其中可执行文件表示要调试运行的程序。进入 gdb 界面后，gdb 提供了大量的程序调试命令供用户使用，常用的命令如下：

set args：给当前要运行的程序传递参数，参数跟在其后。

show args：显示当前程序的参数。

list 或 l：以每页 10 行的形式分页显示源程序。后跟 1 个行号时显示以该行号为中心的 10 行源程序；后跟函数名时显示指定函数的源程序；后跟两个行号且行号之间以逗号分隔时，显示以前一个行号开始到第二个行号处的源程序；不指定行号或函数名时，显示下页源程序。

break 或 b：设置断点。后跟断点所在行号或函数名，可以设置条件断点。

info break 或 i break：显示断点信息。

delete 或 d：删除指定断点。后跟断点编号。不指定断点编号时，提示删除所有断点。

clear：删除指定断点。后跟断点所在行号或函数名，不指定行号或函数名时，删除该命令执行之前创建的断点。

disable：使指定断点失效。后跟断点编号。不指定断点编号时，使所有断点失效。

enable：使指定断点生效。后跟断点编号。不指定断点编号时，使所有断点生效。

run 或 r：从头运行程序，直到结束或遇到有效的断点。

continue 或 c：继续运行程序，直到结束或遇到下一个有效的断点。

next 或 n：逐条语句执行，语句中有函数调用语句时，不进入函数内部执行。

step 或 s：逐条语句执行，语句中有函数调用语句时，进入函数内部执行。

finish：结束当前函数的执行，并显示函数的返回值。

call：调用执行指定函数，后跟函数名。

set variable：给指定变量赋值。

print 或 p：显示指定变量的值或函数调用结果值，还可以数组形式显示指定变量及其后的值。

whatis：显示指定变量的类型。

ptype：显示指定变量的类型，比 whatis 的功能更强，可显示结构体的定义。

bt：查看函数的调用关系。

help 或 h：帮助信息。无参数时，显示 gdb 命令的分类和功能描述；有参数时，显示以给出参数为分类的命令列表和功能描述。

quit 或 q：退出 gdb。

回车键：继续执行上条命令。

2. gdb 的使用举例

gdb 使用示例程序，该程序计算 1～10 的阶乘之和，包括 main() 和 fact() 两个函数，共 16 行。编译该程序时加参数 "-g"，使生成的可执行程序 test 中包含调试信息，使用命令 "gdb test" 启动 gdb 工具对 test 进行调试执行。

```
#include <stdio.h>
int fact(int h)
 {
int k,s=1;
for(k=1;k<=h;k++)
s=s*k;
return s;
}
int  main()
{
 int x,sum=0;
for(x=1;x<=10;x++)
 sum+=fact(x);
printf("sum=%d\n",sum);
return 0;
 }
```

下面是 gdb 中调试执行 test 时所使用的命令和命令的说明。

list 1 //从第一行开始分页显示源程序，每页 10 行，按回车键显示下一页。

break 17 //在第 17 行处创建断点。

info break //显示断点信息。

run //从头开始执行程序，将执行到断点处暂停，显示断点处语句。

continue //继续执行程序，将执行到断点处暂停，显示断点处语句。

print sum //显示变量 sum 的值。

print factorial(4) //显示调用函数语句 factorial(4) 的结果。

step //逐条语句执行程序，将进入函数 factorial 中执行。

next //逐条语句执行函数 factorial。

whatis s //显示变量 s 的类型。

bt //显示函数的调用关系。

finish //结束函数 factorial 的执行，显示函数 factorial 的返回值。

help //显示 gdb 命令的分类和功能描述。

help data //显示 data 类命令及其功能描述。

disable 1 //使断点 1 失效。

continue //继续执行程序，直到结束。

quit //退出 gdb 环境。

2.3.4　make 工具和 makefile 文件

当开发一个大的项目时，需要多个人分工协作，共同完成，因此，项目被划分为一个个模块。而每个模块可能又由好几个人共同开发，形成多个程序，使得项目包含了由不同人开发的多个程序。如何对这些属于同一个项目的、由不同人开发的程序进行管理，是一个难题。

make 是 GNU 推出的用来管理多个程序的工具，它依靠 makefile 文件中规则的描述，获取可执行文件和各程序模块间的关系，实现对属于同一个项目的多个文件进行管理。make 能够根据文件的修改时间判断程序模块是否修改过，然后仅对修改过的程序模块进行编译。

1．makefile 文件

makefile 文件的预设文件名依次为 GNUmakefile、makefile 或 Makefile，如果不使用预设文件名，则需要在执行 make 命令时加参数"-f"指明。

makefile 文件中语句的语法是 Shell 语句语法的子集，以"#"开头的语句为注释语句，内容一般分为两部分，前面部分由 include 和变量定义语句构成，include 语句能够将另外一个文件的内容包含进来，变量定义语句定义后面部分要使用的变量。前面部分的内容可以为空。

makefile 的后面部分内容是文件的主要内容，由一些规则描述的语句块组成，make 执行时将根据这些语句块的描述执行相应的命令或程序。规则描述语句块格式为：

```
TARGET: PREREQUISITES
COMMAND
```

其中，TARGET 为规则的目标，通常是需要生成的文件名或为了实现这个目的而必需的中间过程文件名。目标可以有多个，之间用空格进行分隔。另外，目标也可以是一个 make 执行的动作的名称，如"clean"，这样的目标称为"伪目标"，不生成文件，而只执行相应的命令。

PREREQUISITES 为规则的依赖，表示要生成目标的先决条件为这些目标所依赖的文件必须先生成，依赖文件可以有多个，文件名之间用空格分隔。"伪目标"一般没有依赖。

COMMAND 为规则要执行的命令行,可以是任意的 shell 命令或可在 shell 下执行的程序,它表示 make 执行这条规则时所需要执行的动作。一个规则可以有多个命令行,每一条命令独占一行,并且每一个命令行必须以[Tab]字符开始,[Tab]字符告诉 make 此行是一个命令行,这是编写 makefile 文件时容易产生错误的地方,这种错误比较隐蔽,较难发现。

makefile 文件中一般包含多组规则描述的语句块,这些规则描述语句块之间有依赖关系,呈倒序形式排列,即最终目标的规则描述语句块在最前面,其后是以最终目标的依赖为目标的规则描述语句块,依此类推,直到依赖为源程序的规则描述语句块。makefile 文件的末尾一般为"伪目标"规则描述语句块。

2. makefile 使用举例

假设某工程需要计算 1～10 的阶乘之和,包含两个 C 语言源文件:a.c 和 a1.c。其中 main()函数包含在 a.c 中,如下所示。

```
a.c:
#include <stdio.h>
int factorial(int);
int main()
{
int sum=0,x;
for(x=1;x<=10;x++)
{
sum=sum+factorial(x);
}
printf("sum=%d\n",sum);
return 0;
}
a1.c:
int factorial( int h)
{
int k,s=1;
for(k=1;k<=h;k++)
{
s=s*k;
}
return s;
}
```

该工程的 makefile 文件内容及注释如下所示,其中#后面为注释。

```
# This is a example.
CC = gcc #设置变量 CC 的值为 gcc,该变量代表编译器。
FLAGS += -Wall # 给变量 FLAGS 的内容后追加字符串"-Wall",变量 FLAGS 的值将
# 作为 gcc 的参数。
EXEC = aa #设置变量 EXEC 的值为 aa,该变量代表要生成的可执行文件名。
all:${EXEC} #规则语句块,目标名为 all,依赖文件为变量 EXEC 的值,该规则语
```

#句块命令行为空，使用变量的形式也可以为$(EXEC)。

```
        ${EXEC}:a.o a1.o  #规则语句块，目标名为变量 EXEC 的值，依赖文件为 a.o 和 a1.o。
        ${CC} ${FLAGS} -o $@ a.o a1.o  #规则语句块的命令行，使用依赖文件生成目标，$@
#代表该规则语句块的目标。
        a.o:a.c  #规则语句块，目标名为 a.o，依赖文件为 a.c。
        ${CC} ${FLAGS} -c @^  #规则语句块的命令行，使用依赖文件 a.c 生成目标，a.o，$^
#代表生成目标的依赖文件。
        a1.o:a1.c  #规则语句块，目标名为 a1.o，依赖文件为 a1.c。
        ${CC} ${FLAGS} -c a1.c  #规则语句块的命令行，使用依赖文件 a1.c 生成目标 a1.o。
        clean:    #伪目标规则语句块，无依赖文件。
        rm -f ${EXEC} a.o a1.o  #规则语句块的命令行，删除所有目标文件。
        test:    #伪目标规则语句块，无依赖文件。
        ./${EXEC}          #规则语句块的命令行，运行变量 EXEC 所代表的最终目标文件。
```

以上文件准备好以后，执行命令"make"或"make all"，将根据 makefile 的内容对该项目进行自动编译，生成可执行文件 aa；执行命令"make test"将运行可执行文件 aa；执行命令"make clean"将删除所有目标文件。

当目标文件已经生成，且源文件没有改变的情况下，执行命令"make"或"make all"将提示 make 未执行任何操作，这是因为 make 判断到没有文件发生改变，现在的目标文件已经是最新文件。若先执行命令"touch a1.c"改变文件 a1.c 的修改时间，使得 a1.c 比相关的目标文件 a1.o 和 aa 新，再执行命令"make"或"make all"，则 make 会自动地重新生成目标文件 a1.o 和 aa，但目标文件 a.o 不发生改变。

2.3.5　Linux 下多线程程序设计的基本原理

1. 进程、线程的基本概念

进程（process）：进程就是当前运行的应用程序。进程由一个或多个线程及程序在内存中的代码、数据和其他资源组成。程序资源通常有打开的文件、信号灯和动态分配的内存。

线程（thread）：线程是操作系统分配处理器时间的基本单元。每个线程都维护异常处理程序、调度优先级和一组系统，用于在调度该线程前保存线程上下文的结构。线程上下文包括为使线程在线程的宿主进程地址空间中无缝地继续执行所需的所有信息，包括线程的 CPU 寄存器组和堆栈。

线程和进程的关系是：线程是属于进程的，线程运行在进程空间内，同一进程所产生的线程共享同一物理内存空间，当进程退出时该进程所产生的线程都会被强制退出并清除。

线程技术早在 20 世纪 60 年代就被提出，但真正应用多线程到操作系统中去，是在 20 世纪 80 年代中期。传统的 UNIX 也支持线程的概念，但是在一个进程（process）中只允许有一个线程，这样多线程就意味着多进程。现在，多线程技术已经被许多操作系统所支持，包括 Windows/NT，当然，也包括 Linux。

2. 多线程程序设计技术的优点

为什么有了进程的概念后，还要再引入线程呢？使用多线程到底有哪些好处？什么系统应该选用多线程？

使用多线程的理由之一是：和进程相比，它是一种非常"节俭"的多任务操作方式。在 Linux 系统下，启动一个新的进程必须分配给它独立的地址空间，建立众多的数据表来维护它的代码段、堆栈段和数据段，这是一种"昂贵"的多任务工作方式。而运行于一个进程中的多个线程，它们彼此之间使用相同的地址空间，共享大部分数据，启动一个线程所花费的空间远远小于启动一个进程所花费的空间，而且，线程间彼此切换所需的时间也远远小于进程间切换所需要的时间。据统计，总体说来，一个进程的开销是一个线程开销的30 倍左右，当然，在具体的系统上，这个数据可能有较大的区别。

使用多线程的理由之二是：线程间具有方便的通信机制。对不同的进程来说，它们具有独立的数据空间，要进行数据的传递只能通过通信的方式进行，这种方式不仅费时，而且很不方便。线程则不然，由于同一进程下的线程之间共享数据空间，所以一个线程的数据可以直接为其他线程所用，这不仅快捷，而且方便。当然，数据的共享也带来了其他一些问题，有的变量不能同时被两个线程所修改，有的子程序中声明为 static 的数据更有可能给多线程程序带来灾难性的打击，这些正是编写多线程程序时最需要注意的地方。

除了以上所说的优点外，和进程比较，多线程程序作为一种多任务、并发的工作方式，还有以下的优点。

（1）提高应用程序响应。这对图形界面的程序尤其有意义，当一个操作耗时很长时，整个系统都会等待这个操作，此时程序不会响应键盘、鼠标、菜单的操作，而使用多线程技术，将耗时长的操作（time consuming）置于一个新的线程，可以避免这种尴尬的情况。

（2）使多 CPU 系统更加有效。操作系统会保证当线程数不大于 CPU 数目时，不同的线程运行于不同的 CPU 上。

（3）改善程序结构。一个既长又复杂的进程可以考虑分为多个线程，成为几个独立或半独立的运行部分，这样的程序有利于理解和修改。

Linux 系统下的多线程遵循 POSIX 线程接口，称为 pthread。编写 Linux 下的多线程程序，需要使用头文件 pthread.h，链接时需要使用库 libpthread.a。LIBC 中的 pthread 库提供了大量的 API 函数，为用户编写应用程序提供支持。

项 目 实 现

在学习 ARM 微处理器及 Linux C 开发基本命令的基础上，如何构建嵌入式系统软/硬件，以及如何实现仿真月球车的巡迹控制通过任务 2-1～任务 2-7 来实现，具体操作过程介绍如下。

任务 2-1　嵌入式系统 Linux C 开发

1. 目的与要求

熟悉嵌入式 Linux 开发环境，学会基于经典 2440 平台的 Linux 开发环境的配置和使用，利用 arm-linux-gcc 交叉编译器编译程序，使用基于 NFS 的挂载方式进行实验，了解嵌入式开发的基本过程。

下面按照任务给出的操作步骤，学习嵌入式系统 Linux C 开发的基本操作方法。

2. 操作步骤

1）在宿主机端任意目录下建立工作目录 hello：

```
[root@localhost /]# mkdir hello
[root@localhost /]# cd hello
```

2）编写程序源代码

使用 Linux 下的文本编辑器 vi 编辑源程序代码 vi hello.c：

```
#include <stdio.h>
main()
{
 printf("hello world \n");
}
```

3）编写 Makefile

Makefile 内容如下：

```
TOPDIR = ../
include $(TOPDIR)Rules.mak
EXEC = hello
OBJS = hello.o
all: $(EXEC)
$(EXEC): $(OBJS)
$(CC) $(LDFLAGS) -o $@ $(OBJS)
install:
 $(EXP_INSTALL) $(EXEC) $(INSTALL_DIR)
clean:
-rm -f $(EXEC) *.elf *.gdb *.o
```

4）编译应用程序

在上面的步骤完成后，就可以在 hello 目录下运行"make"来编译程序了。如果进行了修改，则重新编译运行，直到编译成功。

5）进入串口终端的 NFS 共享实验目录

进入/mnt/nfs 目录下的实验目录，运行刚刚编译好的 hello 程序，查看运行结果。

```
# cd /mnt/nfs/SRC/exp/basic/01_hello/
#ls
Makefile hello hello.c hello.o
```

6）执行程序

执行程序时用./表示执行当前目录下的 hello 程序。

```
#./hello
hello world
```

3. 任务小结

任务 2-1 中，在嵌入式系统硬件基础上，综合使用了嵌入式系统 Linux C 程序开发的技术，实现了在宿主机 PC 的 Linux 环境下编写 hello C 程序，通过 make 工具编译程序，应用 NFS 实现程序共享给开发板并运行 hello，验证实验效果。

任务 2-2　嵌入式系统多线程程序设计

1. 目的与要求

熟悉嵌入式 Linux 开发环境，学会基于经典 2440 平台的 Linux 开发环境的配置和使用，利用 arm-linux-gcc 交叉编译器编译程序，使用基于 NFS 的挂载方式进行实验，了解嵌入式系统多线程程序设计过程。

下面按照任务给出的操作步骤，学习嵌入式系统多线程程序设计的基本操作方法。

2. 操作步骤

1）任务分析

以著名的生产者-消费者问题模型为例，主程序中分别启动生产者线程和消费者线程。生产者线程不断顺序地将 0~1000 的数字写入共享的循环缓冲区，同时消费者线程不断地从共享的循环缓冲区读取数据，流程图如图 2.16 所示。

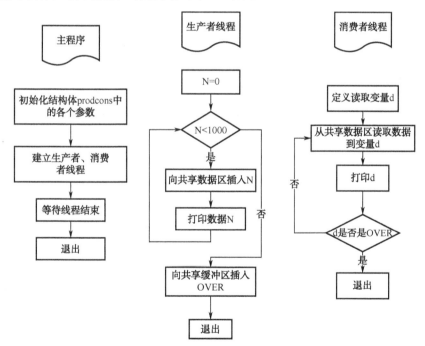

图 2.16　生产者-消费者实验源代码结构流程图

2）关键代码 pthread.c 源文件分析

```c
#include <stdio.h>
#include <stdlib.h>
#include <time.h>
#include "pthread.h"
#define BUFFER_SIZE 16
/* 设置一个整数的圆形缓冲区 */
struct prodcons {
int buffer[BUFFER_SIZE]; /* 缓冲区数组 */
pthread_mutex_t lock; /* 互斥锁 */
int readpos, writepos; /* 读写的位置*/
pthread_cond_t notempty; /* 缓冲区非空信号 */
pthread_cond_t notfull; /*缓冲区非满信号 */
};
/*------------------------------------------------------------*/
/*初始化缓冲区*/
void init(struct prodcons * b)
{
pthread_mutex_init(&b->lock, NULL);
pthread_cond_init(&b->notempty, NULL);
pthread_cond_init(&b->notfull, NULL);
b->readpos = 0;
b->writepos = 0;
}
/*------------------------------------------------------------*/
/* 向缓冲区中写入一个整数*/
void put(struct prodcons * b, int data)
{
pthread_mutex_lock(&b->lock);
/*等待缓冲区非满*/
while ((b->writepos + 1) % BUFFER_SIZE == b->readpos) {
printf("wait for not full\n");
pthread_cond_wait(&b->notfull, &b->lock);
}
/*写数据并且指针前移*/
b->buffer[b->writepos] = data;
b->writepos++;
if (b->writepos >= BUFFER_SIZE) b->writepos = 0;
/*设置缓冲区非空信号*/
pthread_cond_signal(&b->notempty);
pthread_mutex_unlock(&b->lock);
}
/*------------------------------------------------------------*/
/*从缓冲区中读出一个整数 */
int get(struct prodcons * b)
```

```c
{
int data;
pthread_mutex_lock(&b->lock);
/* 等待缓冲区非空*/
while (b->writepos == b->readpos) {
printf("wait for not empty\n");
pthread_cond_wait(&b->notempty, &b->lock);
}
/* 读数据并且指针前移 */
data = b->buffer[b->readpos];
b->readpos++;
if (b->readpos >= BUFFER_SIZE) b->readpos = 0;
/* 设置缓冲区非满信号*/
pthread_cond_signal(&b->notfull);
pthread_mutex_unlock(&b->lock);
return data;
}
/*-----------------------------------------------------------*/
#define OVER (-1)
struct prodcons buffer;
/*-----------------------------------------------------------*/
void * producer(void * data)
{
int n;
for (n = 0; n < 1000; n++) {
printf(" put-->%d\n", n);
put(&buffer, n);
}
put(&buffer, OVER);
printf("producer stopped!\n");
return NULL;
}
/*-----------------------------------------------------------*/
void * consumer(void * data)
{
int d;
while (1) {
d = get(&buffer);
if (d == OVER ) break;
printf(" %d-->get\n", d);
}
printf("consumer stopped!\n");
return NULL;
}
/*-----------------------------------------------------------*/
int main(void)
```

```
{
pthread_t th_a, th_b;
void * retval;
init(&buffer);
pthread_create(&th_a, NULL, producer, 0);
pthread_create(&th_b, NULL, consumer, 0);
/* 等待生产者和消费者结束 */
pthread_join(th_a, &retval);
pthread_join(th_b, &retval);
return 0;
}
```

3）编译源程序

```
# cd /pthread/
# ls
Makefile pthread pthread.c pthread.o
# make
arm-linux-gcc -c -o pthread.o pthread.c
arm-linux-gcc -static -o ../bin/pthread pthread.o -lpthread
arm-linux-gcc -static -o pthread pthread.o -lpthread
 # ls
 Makefile pthread pthread.c pthread.o
```

当前目录下生成可执行程序 pthread。

4）NFS 挂载实验目录测试

启动 2440 系统，连好网线、串口线。通过串口终端挂载宿主机实验目录。

```
 # mount -t nfs -o nolock,rsize=4096,wsize=4096  192.168.1.145:/
/mnt/nfs/
```

进入串口终端的 NFS 共享实验目录。

```
 # cd /mnt/nfs/pthread/
 # ls
 Makefile pthread pthread.c pthread.o
```

5）执行程序。

```
 # ./pthread
```

3. 任务小结

任务 2-2 实现了多线程程序设计，在程序的代码中大量使用了线程函数，如 pthread_cond_signal、pthread_mutex_init、pthread_mutex_lock 等，这些函数的作用是什么及在哪里定义的，总结如下：

□线程创建函数：

```
        int pthread_create (pthread_t * thread_id, __const pthread_attr_t *
__attr,
        void *(*__start_routine) (void *),void *__restrict __arg)
```

□ 获得父进程 ID：

```
    pthread_t pthread_self (void)
```

□ 测试两个线程号是否相同：

```
    int pthread_equal (pthread_t __thread1, pthread_t __thread2)
```

□ 线程退出：

```
    void pthread_exit (void *__retval)
```

□ 等待指定的线程结束：

```
    int pthread_join (pthread_t __th, void **__thread_return)
```

互斥量初始化：

```
    pthread_mutex_init (pthread_mutex_t *,__const pthread_mutexattr_t *)
```

□ 销毁互斥量：

```
    int pthread_mutex_destroy (pthread_mutex_t *__mutex)
```

□ 再试一次获得对互斥量的锁定（非阻塞）：

```
    int pthread_mutex_trylock (pthread_mutex_t *__mutex)
```

□ 锁定互斥量（阻塞）：

```
    int pthread_mutex_lock (pthread_mutex_t *__mutex)
```

□ 解锁互斥量：

```
    int pthread_mutex_unlock (pthread_mutex_t *__mutex)
```

□ 条件变量初始化：

```
    int pthread_cond_init (pthread_cond_t *__restrict __cond,
    __const pthread_condattr_t *__restrict __cond_attr)
```

□ 销毁条件变量 COND：

```
    int pthread_cond_destroy (pthread_cond_t *__cond)
```

□ 唤醒线程等待条件变量：

```
    int pthread_cond_signal (pthread_cond_t *__cond)
```

□ 等待条件变量（阻塞）：

```
    int    pthread_cond_wait    (pthread_cond_t    *__restrict    __cond,
pthread_mutex_t *__restrict __mutex)
```

□ 在指定的时间到达前等待条件变量：

```
    int pthread_cond_timedwait (pthread_cond_t *__restrict __cond,
    pthread_mutex_t *__restrict __mutex, __const struct timespec
*__restrict __abstime)
```

任务 2-3　仿真月球车的巡迹控制开发

1. 任务目的与要求

本项目是基于三星 S3C2440A 16/32 位 RISC 处理器专门针对仿真月球车的巡迹控制开发实现的，系统由核心控制板系统、驱动底板和巡迹模块组成。核心控制板系统 CPU 是 SamSungS3C2440A，主频 400 MHz，最高 533 MHz，根据小车的功能需求把 S3C2440 核心板的各种有用的接口引出来，并提供电源和一些辅助接口实现总体系统的控制。驱动底板的任务是接收 2440 的命令，产生控制电动机的 PWM 信号，采集当前电动机编码器的信息和能表示电动机电流的模拟量，并通过串口发送给 2440。巡迹模块中，红外发生于接收探头，利用白色与黑色的反光特性的差异，最终达到巡迹的功能。该模块有八个红外对管，通过调节对应对管的电位器来调节对管的灵敏度，通过不同的返回值来判断探月车的位置。软件通过 Linux +C 来实现。

小车共有四个驱动电动机，左右各两个，并且同一边的两个电动机是公用一个 PWM 信号的，所以小车驱动起来只需要 2 路 PWM 信号。主板供电为+5 V 直流电源，通过与驱动板的连接端口获取电源，也可以在主板的辅助电源插座上接+5 V 的直流电源，主板上配有一个纽扣电池为 2440 的实时时钟供电；驱动板上有两组电源，分别以+12 V 直流电源供电；核心板为 3.3 V 直流电源，取自主板。

小车整体结构如图 2.17 所示。

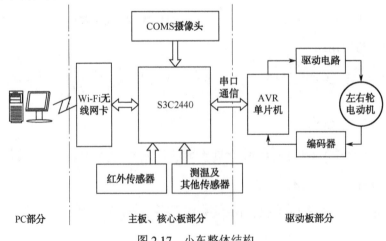

图 2.17　小车整体结构

下面按照任务给出的操作步骤，介绍仿真月球车的巡迹控制开发实现的基本操作方法。

2. 操作步骤

1）系统硬件设计

（1）核心控制板如图 2.18 所示。

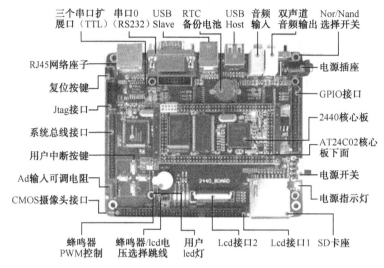

图 2.18　控制板实物图

控制板系统包括以下几部分。

CPU 处理器：SamSungS3C2440A，主频 400 MHz，最高 533 MHz。

DRAM 内存：板载 64 MB SDRAM，32 bit 数据总线，SDRAM 时钟频率高达 100 MHz。

FLASH 存储器：板载 256 MB Nand Flash，掉电非易失；板载 2 MB Nor Flash。

LCD 接口：板载 LCD 接口集成 4 线电阻式触摸屏接口，可以直接连线 4 线电阻式触摸屏。

1 个 100M 以太网 RJ-45 接口。

3 个串口接口，其中 COM1 为 RS232 转换电平后的 DB9 接口，板上的 UART 接口即为 COMS 电平的串口扩展接口。

1 个 USB Host A 型接口（支持 USB1.1 协议）。

1 个 USB Slave B 型接口（支持 USB1.1 协议）。

1 个 SD 卡存储器接口，采用 DMA 模式传输。

1 路立体声音频输出接口，1 路音频输入接口。

1 个 2.0mm10 针 JTAG 接口，可进行软件仿真和单步调试及下载 u-boot。

4 个 User Buttons。

4 个板载用户 LED 灯。

1 个 20Pin 的 130 万像素的 CMOS 摄像头接口。

1 个 40Pin 的 GPIO 扩展接口。

板载实时时钟电池。

板载 EEPROM 测试。

电源开关和两个电源指示灯。

（2）驱动底板如图 2.19 所示。

图 2.19　驱动底板实物图

驱动底板的任务是进行信号转换最终控制电动机、电源电压转换将电池的 11 V 左右的电压转换成各个模块工作电压及各种接口的扩展。

图中各图标说明如下：

① 为电源输入接口；

② 为一组电动机接口；

③ 为一组电动机接口；

④ 为一组电动机控制接口；

⑤ 为一组电动机控制接口；

⑥ I^2C 接口；

⑦ 巡迹电路接口；

⑧ 摄像头接口；

⑨ ARM 电源接口；

⑩ 左边电源开关；

⑪ 右边电源开关；

⑫ ARM2440 开发板 I/O 接口。

详细介绍如下。

JP2 为电动机驱动电源，JP1 为电动机控制电源，同时也可以作为控制板电源，如 ARM 开发板电源，可以从 JP10 上接入。JP1 和 JP2 输入为 12 V 左右，JP10 输出 5 V 左右。

JP3 和 JP4 为同一边电动机接口；JP5 和 JP6 为同一边电动机接口。

JP13 的 17，29 脚为 JP3 和 JP4 的电平控制端，即当 JP13 的 17 脚为高电平时，JP3 和 JP4 的 1 脚为高电平，2 脚为低电平；当 JP13 的 29 脚为高电平时，JP3 和 JP4 的 1 脚为低电平，2 脚为高电平。同理，JP13 的 18，30 脚为 JP5 和 JP6 的电平控制端，即当 JP13 的 18 脚为高电平时，JP5 和 JP6 的 1 脚为高电平，2 脚为低电平；当 JP13 的 30 脚为高电平时，JP5 和 JP6 的 1 脚为低电平，2 脚为高电平。

JP12 为 ARM2440 开发板 I/O 接入端，与 JP13 一一对应。

JP18 为 ARM2440 开发板上的 I²C 接口。

JP7 的 3～10 引脚分别与巡迹电路的输出端相连。并通过 SK3 的跳线帽与 JP13 相连。对应脚为 JP7 的 3～10 分别对应 JP13 的 10，9，8，7，12，25，26，11 脚。

CAMERA 为摄像头接口。可以先从 ARM2440 开发板上引到左边的 CAMERA 接口，摄像头可以接到前边的 CAMERA 接口上。

JP19 与 JP7 相对应，JP19 为超声波模块标准接口，JP7 用跳线与 JP13 的 I/O 口相连。

JP8，JP9，JP16 为预留接口。

（3）巡迹板实物图如图 2.20 所示。

图 2.20   巡迹板实物图

巡迹模块利用白色与黑色的反光特性的差异，最终达到巡迹的功能。该模块有 8 个红外对管，通过调节对应对管的电位器来调节对管的灵敏度，通过不同的返回值来判断探月车的位置。

图 2.20 中 D1～D8 分别对应电路板上光电传感器 OP1～OP8 的检测输出。电路板上电位器控制光电传感器的灵敏度，即调节比较器的比较电压，顺时针方向为增大比较电压值。比较电压的调节应根据环境和传感器的高低而定。电位器 R9～R12 分别对应 OP4，OP3，OP2，OP1 的比较电压，电位器 R29～R32 分别对应 OP8，OP7，OP6，OP5 的比较电压。

8 个 LED 分别对应 8 个传感器的检测情况，LED 亮时，输出端为低电平，此时光电传感器没有接收到红外光返回；LED 灭时，输出端为高电平，此时光电传感器接收到红外光返回。电路板上 J2 为电源输入端，+5 V 电压输入。左边引脚为地，右边引脚为+5 V。

巡迹模块引脚分配如表 2.6 所示。

表 2.6   巡迹模块引脚分配

S3C2440（引脚）	电气接点	信号说明
GPB0	RIGHT PWMA	右轮速度控制信号
GPB1	LIFT PWMA	左轮速度控制信号

续表

S3C2440（引脚）	电气接点	信号说明
GPB7	RIGHT DIRA	右轮方向控制信号
GPB8	LIFT DIRA	左轮方向控制信号
GPG3	IR1	红外对管信号（黑高）
GPG0	IR2	红外对管信号（黑高）
GPF3	IR3	红外对管信号（黑高）
GPF4	IR4	红外对管信号（黑高）
GPG7	IR5	红外对管信号（黑高）
GPE12	IR6	红外对管信号（黑高）
GPE13	IR7	红外对管信号（黑高）
GPG6	IR8	红外对管信号（黑高）

（4）其他模块介绍如图 2.21、图 2.22、图 2.23 所示。

图 2.21　探月车底座

图 2.22　探月车电动机

为了使探月车控制灵敏方便，转动惯性小，转换效率高。所以采用了自带测速编码器、体积小力矩大的日本 Namiki 空心杯减速电动机。

型号：22CL-3501PG。

电压：12VDC。

直径：22 mm。

轴长：19 mm（带有 90°双切口）。

长度：65 mm（包括编码器减速箱）。

堵转电流：1.8 A。

减速比：80∶1（金属行星减速）。

输出转速：120 转/分钟（输入电压直流 12 V）。

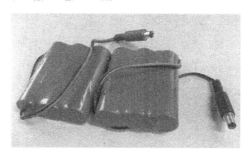

图 2.23　12 V 高能电池

（5）各组成部分连接

① 电动机与驱动底板板接线如图 2.24 所示。

图 2.24　电动机与驱动底板板接线

② 码盘（电动机上的小块电路板）与驱动底板板接线，用四根杜邦线根据颜色对应连接，如图 2.25 所示。

图 2.25　码盘连线

③ 控制板（S3C2440）与驱动底板板接线，用两组排线（20P+40P）和一根电源线连接，如图 2.26 所示。

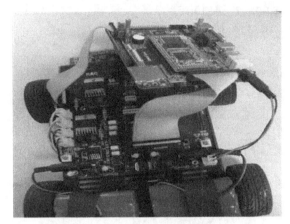

图 2.26　控制板与驱动底板板接线

④ 任务板与驱动底板板接线，用四根杜邦线根据颜色对应连接，如图 2.27 所示。

图 2.27　任务板与驱动底板板接线

⑤ 电池与驱动底板板接线如图 2.28 所示。

图 2.28　电池与驱动底板板接线

2）程序设计

（1）巡迹程序设计算法分析

仿真月球车巡迹控制程序算法分析是实现仿真月球车巡迹控制的重要环节。利用硬件结构 8 位红外传感器实现巡迹控制是问题的关键，为此建立相应的数学模型，通过程序实现巡迹控制。

仿真月球车巡迹控制路线如图 2.29 所示。

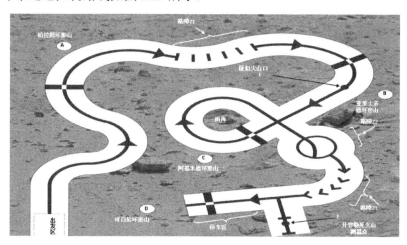

图 2.29 仿真月球车巡迹控制路线图

仿真月球车巡迹控制处于正中间，保持继续前行或者后退。利用 8 位红外传感器来实现，8 位红外传感器 1、2、3、4、5、6、7、8，当感应到路线时相应的取值为 1、2、3、4、5、6、7、8，对应如下。

1 2 3 4 5 6 7 8　　8 位红外传感器
0 0 0 1 1 0 0 0　　正常巡迹线

这样当仿真月球车处于正中间时第 4、第 5 红外传感器有效，Average=（4+5）/2=4.5，这时的仿真月球车巡迹控制只能保持继续直行的前行和后退。

仿真月球车巡迹控制偏离正中间，左转控制。当感应到路线时相应的取值>4.5，假设对应如下：

1 2 3 4 5 6 7 8　　8 位红外传感器
0 0 0 0 1 1 0 0　　正常巡迹线

此时的取值=（5+6）/2=5.5，说明仿真月球车向右偏离，则此时为了让小车归位到正中间就需要左转来实现，在左转的过程中，如果取值达到 4.5，说明归位到正中间，仿真月球车巡迹控制只能保持继续直行的前行和后退。

仿真月球车巡迹控制偏离正中间，右转控制。当感应到路线时相应的取值>4.5，假设对应如下：

1 2 3 4 5 6 7 8　　8 位红外传感器
0 0 1 1 0 0 0 0　　正常巡迹线

此时的取值=（3+4）/2=3.5，说明仿真月球车向左偏离，则此时为了让小车归位到正中间就需要右转来实现，在右转的过程中，如果取值达到 4.5，说明归位到正中间，仿真月球车巡迹控制只能保持继续直行的前行和后退。

（2）仿真月球车巡迹控制主程序流程图 2.30 所示。

仿真月球车巡迹控制子程序流程图 2.31 所示。

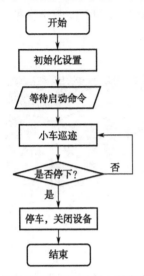

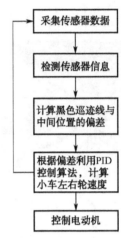

图 2.30　仿真月球车巡迹控制主程序流程图　　图 2.31　仿真月球车巡迹控制子程序流程图

（3）主程序 control_car.c

```c
#include <fcntl.h>
#include <sys/ioctl.h>
#include <sys/types.h>
#include <sys/stat.h>
#include <sys/mman.h>
#include <unistd.h>
#include <stdio.h>
#include <string.h>
#include <stdlib.h>
#include <linux/types.h>
#include <linux/fb.h>
#include <stdio.h>
#include <sys/wait.h>
#include <pthread.h>
#include <netinet/in.h>
#include <sys/socket.h>
#include <unistd.h>
#include <time.h>
#include <termios.h>
#include <sys/select.h>
#include <sys/time.h>
#include <errno.h>
int fd_track;
int fd_look;
```

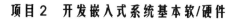

```
//=====================PWM 结构体=====================
typedef struct PwmModel {
int speed_L;  // LEFT speed
int speed_R;
char dir_L;        //1: resver   0: forward
char dir_R;
//int  pwm_fd;
} PWMMODEL;
PWMMODEL motor={0,0,0,0};
//---------------------------PWM driver motor----------------------
--------------
/*=========================================================
设置电动机速度-249～249，正数表示前进，负数表示后退
=========================================================*/
void setSpeed(int onL,int onR)
{
motor.speed_R=onL;
motor.speed_L=onR;
unsigned char pwm_cmd[4];
if(motor.speed_R>=0){
motor.dir_R=0;
motor.speed_R = motor.speed_R>249?249:motor.speed_R;
}else{
motor.dir_R=1;
motor.speed_R=250-(-motor.speed_R);
motor.speed_R = motor.speed_R>249?249:motor.speed_R;
}
if(motor.speed_L>=0){
motor.dir_L=0;
motor.speed_L = motor.speed_L>249?249:motor.speed_L;
}else{
motor.dir_L=1;
motor.speed_L=250-(-motor.speed_L);
motor.speed_L = motor.speed_L>249?249:motor.speed_L;
}
pwm_cmd[0]=motor.speed_R;
pwm_cmd[1]=motor.speed_L;
pwm_cmd[2]=motor.dir_R;
pwm_cmd[3]=motor.dir_L;
ioctl(fd_track,sizeof(pwm_cmd),pwm_cmd);
}
int main()
{
unsigned char searchData;
```

```c
unsigned char searchData1=0x00;
unsigned char searchData2=0x00;
unsigned char buff[2];
    printf("\n-----This is a test about image recognition! ------\n\n");
/**********打开探月车控制驱动****************/
  if((fd_track=open("/dev/Car_Control",O_RDWR))<0)
    {
        printf("no open device");
    }

/**********打开探月车巡迹驱动****************/
fd_look = open("/dev/dh-detection",0);
if(fd_look<0)
    {
printf("look_fd no loading!\n");
}
    else
    {
printf("look_fd loaded!\n");
}
printf("Mooncar is running!\n");
for(;;)
{
  searchData=read(fd_look,&searchData,sizeof(searchData));
      if(searchData!=searchData1)
    {
    printf("searchData=%x \n",searchData);
    searchData1=searchData;
    buff[0]=searchData&0x0f;
    printf("buff[0]=%x \n",buff[0]);
buff[1]=searchData>>4;
printf("buff[1]=%x \n",buff[1]);
if (buff[1]<buff[0])  setSpeed(80,-80);
if (buff[1]>buff[0])  setSpeed(-80,80);
if (buff[1]==buff[0])  setSpeed(100,100);
    }
}

close(fd_track);
close(fd_look);
  return 0;
}
```

 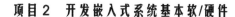

3）程序代码编辑、调试及运行

（1）编辑 control_car.c 主程序：

```
#vi control_car.c
```

（2）编辑 makefile 文件：

```
# vi makefile
CROSS=arm-linux-
all: control_car
control_car:control_car.c
$(CROSS)gcc -o control_car  control_car.c
$(CROSS)strip control_car
clean:
@rm -vf control_car  *.o *~
```

（3）用 arm_linux 交叉编译程序：

```
# make
```

（4）修改编译成功的文件权限：

```
# chmod 777 control_car
```

（5）运行可执行文件：

```
# ./control_car
```

4）刻录可执行文件

将刻录好的可执行文件下载到目标板主要有以下四种方式：复制到 U 盘；通过网络传输文件到目标板；通过串口传输文件到目标板；通过 NFS 直接运行。一般通过 NFS 直接运行检测结果，在此基础上通过文件复制命令将可执行文件下载到目标板。

```
#mount -t nfs -o nolock 192.168.1.95:/home/mytech/  mnt/
```

将 IP 为 192.168.12.95 的 fedora 主机上的/home/mytech NFS 共享目录，以 NFS 共享的方式挂载到开发板的/mnt/udisk 目录下，挂载成功后可以通过 ls 命令查看挂载之后的目录。

```
#cd /mnt
#./ control_car  //在目标板上测试可执行文件
#cp control_car  /etc/rc.d/init.d/   // 刻 录 可 执 行 文 件 到 目 标 板 上
/etc/rc.d/init.d 目录中
```

设置开机自动运行程序：启动脚本可以设置各种程序开机后自动运行，这点有些类似 Windows 系统中的 Autobat 自动批处理文件，启动脚本在开发板的/etc/init.d/rcS 文件中，在该文件脚本添加如下内容，程序在开机后自动运行，就像在超级终端输入命令后的结果一样，如在脚本最后一行加上/etc/rc.d/init.d/control_car start 就是开机直接运行/etc/rc.d/init.d/control_car 目录下的 control_car 可执行文件。用 vi 编辑器打开 rcS 文件内容如下：

```
# vi rcS
#!/bin/sh
PATH=/sbin:/bin:/usr/sbin:/usr/bin
runlevel=S
prevlevel=N
umask 022
export PATH runlevel prevlevel
mount -a
mkdir -p /dev/pts
mount -t devpts devpts /dev/pts
echo /sbin/mdev > /proc/sys/kernel/hotplug
mdev -s
mkdir -p /var/lock
mkdir /dev/fb /dev/v4l
ln -s /dev/fb0 /dev/fb/0
ln -s /dev/video0 /dev/v4l/video0
ln -s /dev/ts0 /dev/h3600_tsraw
insmod /lib/car_control.ko
insmod /lib/dh_detection.ko
insmod /lib/mapan.ko
insmod /lib/bkrc_pwm.ko
insmod /lib/I2C_drv.ko
ifconfig lo 127.0.0.1
net_set &
#/etc/rc.d/init.d/leds stop
/etc/rc.d/init.d/netd start
#/etc/rc.d/init.d/httpd start
#qtopia &
/bin/hostname -F /etc/sysconfig/HOSTNAME
car5 &
/etc/rc.d/init.d/control_car start
```

3. 任务小结

本项目重点涉及的知识技能包括嵌入式系统硬件结构，嵌入式系统软件系统 Linux C 语言开发。难点在于仿真月球车巡迹控制程序算法和 Linux C 语言开发，突出了能力培养的重要性，在学习的过程中可以先尝试理解源程序代码，查阅相关资料学习 Linux C 语言开发，在有了一定基础后创新性地修改程序以实现预想的运行效果。

拓 展 提 高

通过本项目，了解了嵌入式系统 Linux C 应用程序的编写、编译和运行，同时结合了硬件，更加直观地看到程序运行结果，进一步了解了 Linux C 程序的编写、编译和加载的方法。但是上述的程序运行界面不是很方便和友好，目前流行的 GUI 软件有嵌入式 Qt 编程软件，下面就嵌入式 Qt 编程进行拓展提高。

Qt 是 Trolltech 公司的标志性产品，是一个跨平台的 C++图形用户界面（GUI）工具包。Qt 是完全面向对象的，它很容易扩展，并且允许真正的组件编程。1996Qt 进入商业领域，它已经成为全世界范围内数千种成功的应用程序的基础。Qt 也是流行的 Linux 桌面环境 KDE 的基础（KDE 是所有主要的 Linux 发行版的一个标准组件）。

（1）Qt 支持下述平台：

① MS/Windows - 95、98、NT 4.0、ME 和 2000。

② UNIX/X11 - Linux、Sun Solaris、HP-UX、Compaq Tru64 UNIX、IBM AIX、SGI IRIX 和其他很多 X11 平台。

③ Macintosh - Mac OS X。

④ Embedded - 有帧缓冲（frame buffer）支持的 Linux 平台。

（2）Qt 的版本：Qt 按不同的版本发行，具体如下。

① Qt 企业版和 Qt 专业版：提供给商业软件开发。它们提供传统商业软件发行版并且提供免费升级和技术支持服务。企业版比专业版多一些扩展模块。

② Qt 自由版：Qt 仅仅是为了开发自由和开放源码软件而提供的 UNIX/X11 版本。在 Qt 公共许可证和 GNU 通用公共许可证下，它是免费的。

③ Qt/嵌入式自由版：是 Qt 为了开发自由软件提供的嵌入式版本。在 GNU 通用公共许可证下，它是免费的。

（3）Qt 的组成：Qt 提供了一组范围相当广泛的 C++类库，并包含了几种命令行和图形界面的工具，有效地使用这些工具可以加速开发过程。

① Qt Designer：Qt 设计器。用来可视化地设计应用程序界面。

② Qt Linguist：Qt 语言学家。用来翻译应用程序。以此提供对多种语言的支持。

③ Qmake：使用此工具可以由简单的、与平台无关的工程文件来生成编译所需的 Makefile。

④ Qt Assistant：关于 Qt 的帮助文件。类似于 MSDN。可以快速地发现所需要的帮助。

⑤ moc：元对象编译器。

⑥ uic：用户界面编译器。在程序编译时被自动调用，通过 ui_*.h 文件生成应用程序界面。

⑦ qembed：转换数据，如将图片转换为 C++代码。

1. Qt 的安装

安装的过程对于不同的 Qt 平台是不同的。在 Windows 环境下安装 Qt，需要先安装 MinGW。MinGW 即 Minimalist GNU For Windows，它是一些头文件和端口库的集合，该集合允许人们在没有第三方动态链接库的情况下使用 gcc（GNU Compiler C）产生 Windows 32 程序。在基本层，MinGW 是一组包含文件和端口库，其功能是允许控制台模式的程序使用微软的标准 C 运行时间库（MSVCRT.DLL），该库在所有的 NT OS 上有效，在所有的 Windows 95 发行版以上的 Windows OS 上有效，使用基本运行时间，可以使用 gcc 写控制台模式的符合美国标准化组织（ANSI）的程序，可以使用微软提供的 C 运行时间扩展。该功能是 Windows32 API 不具备的。另一个组成部分是 w32api 包，它是一组可以使用 Windows32 API 的包含文件和端口库。与基本运行时间相结合，就可以有充分的权利既使用 CRT（C Runtime）又使用 Windows32 API 功能。实际上 MinGW 并不是一个 C/C++编译器，而是一套 GNU 工具集合。除了 gcc（GNU 编译器集合）以外，MinGW 还包含有一些其他的 GNU 程序开发工具（如 gawk bison 等）。

在安装 MinGW 之后，再安装 Qt，然后更改 Windows 系统的环境变量，就可以在 Windows 环境下使用 Qt 了。如果想在 VC 环境下使用 Qt，那么还需要进一步编译和设置，或者下载专门用于 VC 的 Qt 版本。

2. 开始学习 Qt

1）Hello, Qt!

以一个非常简单的 Qt 程序开始 Qt 的学习。首先一行行地分析代码，然后会看到怎样编译和运行这个程序。

```
#include <QApplication>
#include <QLabel>
int main (int argc, char *argv [])
  {
    QApplication app (argc, argv);
    QLabel *label = new QLabel ("Hello Qt!");
    label->show ();
    return app. exec ();
  }
```

第 1 行和第 2 行包含了两个类的定义：QApplication 和 QLabel。对于每一个 Qt 的类，都会有一个同名的头文件，头文件里包含了这个类的定义。因此，如果在程序中使用了一个类的对象，那么在程序中就必须包括这个头文件。

第 3 行是程序的入口。几乎在使用 Qt 的所有情况下，main()函数只需要在把控制权转交给 Qt 库之前执行一些初始化，然后 Qt 库通过事件来向程序告知用户的行为。argc 是命令行变量的数量，argv 是命令行变量的数组。这是一个 C/C++特征。它不是 Qt 专有的，无论如何 Qt 需要处理这些变量。

第 5 行定义了一个 QApplication 对象 App。QApplication 管理了各种各样的应用程序的广泛资源，如默认的字体和光标。App 的创建需要 argc 和 argv，这是因为 Qt 支持一些自己的命令行参数。在每一个使用 Qt 的应用程序中都必须使用一个 QApplication 对象，在任何 Qt 的窗口系统部件被使用之前创建此对象是必须的。App 在这里被创建并且处理后面的命令行变量（如 X 窗口下的-display）。请注意，所有被 Qt 识别的命令行参数都会从 argv 中被移除（并且 argc 也因此而减少）。

第 6 行创建了一个 QLabel 窗口部件（widget），用来显示"Hello,Qt!"。在 Qt 和 UNIX 的术语中，一个窗口部件就是用户界面中一个可见的元素，它相当于 Windows 术语中的"容器"加上"控制器"。按钮（button）、菜单（menu）、滚动条（scroll bars）和框架（frame）都是窗口部件的例子。窗口部件可以包含其他窗口部件。例如，一个应用程序界面通常就是一个包含了 QMenuBar、一些 QToolBar、一个 QStatusBar 和其他部件的窗口。绝大多数应用程序使用一个 QMainWindow 或一个 QDialog 作为程序界面，但是 Qt 允许任何窗口部件成为窗口。在这个例子中，QLabel 窗口部件就作为应用程序主窗口。

第 7 行使创建的 QLabel 可见。当窗口部件被创建时，它总是隐藏的，必须调用 show() 来使它可见。通过这个特点，可以在显示这些窗口部件之前定制它们，这样就不会出现闪烁的情况。

第 8 行就是 main()将控制权交给 Qt。在这里，程序进入了事件循环。事件循环是一种 stand-by 的模式，程序会等待用户的动作（如按下鼠标或键盘）。用户的动作将会产生程序可以做出反应的事件（也被称为"消息"）。程序对这些事件的反应通常是执行一个或几个函数。

编译程序。建立一个名为 hello 的目录，在目录下建立一个名为 hello.cpp 的 C++源文件，将上面的代码写入文件中。

运行"开始"→"程序"→Qt by Trolltech→Qt Command Prompt 命令。

在命令行模式下，切换目录到 hello 下，然后输入命令：qmake –project。这个命令将产生一个依赖于工作平台的工程文件（hello.pro）。

再输入命令：qmake hello.pro。这个命令通过工程文件产生一个可以在特定工作平台上使用的 makefile。

最后输入命令 make 来产生应用程序。运行这个程序，可以得到如图 2.32 所示的程序界面。

Qt 也支持 XML。可以把程序的第 6 行替换成下面的语句：

```
    QLabel *label = new QLabel ("<h2><i>Hello</i> " "<font color=red>Qt!
</font></h2>");
```

重新编译程序，发现界面拥有了简单的 HTML 风格，如图 2.33 所示。

图 2.32 Hello Qt 运行界面

图 2.33 Hello Qt HTML 风格运行界面

2）调用退出

第二个例子展示了如何使应用程序对用户的动作进行响应。这个应用程序包括了一个按钮，用户可以单击这个按钮来退出程序。程序代码与上一个程序非常相似，不同之处在于使用了一个 QPushButton 来代替 QLabel 的主窗口，并且将一个用户动作（单击一个按钮）和一些程序代码连接起来。

```
#include <QApplication>
#include <QPushButton>
int main (int argc, char *argv [])
{
    QApplication app (argc, argv);
    QPushButton *button = new QPushButton ("Quit");
    QObject::connect (button, SIGNAL (clicked ()),
                    &app, SLOT (quit ()));
    button->show ();
```

```
            return app. exec ();
    }
```

Qt 程序的窗口部件发射信号（signals）指出一个用户的动作或状态的变化。在这个例子中，当用户单击这个按钮的时候，QPushButton 就会发射一个信号——clicked()。一个信号可以和一个函数（在这种情况下把这个函数叫作"槽（slot）"）相连，当信号被发射的时候，和信号相连的槽就会自动执行。在这个例子中，把按钮的信号"clicked()"和一个 QApplication 对象的槽"quit()"相连。当按钮被按下的时候，这个程序就退出了。

3）窗口布局

用一个样例来展现如何在窗口中规划各个部件的布局，并学习使用信号和槽来使两个窗口部件同步。这个应用程序要求输入用户的年龄，使用者可以通过一个旋转窗口或一个滑块窗口来输入，如图 2.34 所示。

图 2.34　窗口布局运行界面

这个应用程序包括三个窗口部件：一个 QSpinBox、一个 QSlider 和一个 QWidget。窗口部件 QWidget 是程序的主窗口。QSpinBox 和 QSlider 被放置在 QWidget 中；它们是 QWidget 的子窗口。当然，也可以说 QWidget 是 QSpinBox 和 QSlider 的父窗口。QWidget 本身没有父窗口，因为它被当作一个顶级的窗口。QWidget 及所有它的子类的构造函数都拥有一个参数：QWidget *，这说明了它的父窗口。

下面是程序代码：

```
#include <QApplication>
#include <QHBoxLayout>
#include <QSlider>
#include <QSpinBox>
int main (int argc, char *argv [])
{
    QApplication app (argc, argv);
    QWidget *window = new QWidget;
    window->setWindowTitle ("Enter Your Age");
    QSpinBox *spinBox = new QSpinBox;
    QSlider *slider = new QSlider (Qt::Horizontal);
    spinBox->setRange (0, 130);
    slider->setRange (0, 130);
    QObject::connect (spinBox, SIGNAL (valueChanged (int)),
                slider, SLOT (setValue (int)));
    QObject::connect (slider, SIGNAL (valueChanged (int)),
                spinBox, SLOT (setValue (int)));
    spinBox->setValue (50);
    QHBoxLayout *layout = new QHBoxLayout;
    layout->addWidget (spinBox);
    layout->addWidget (slider);
    window->setLayout (layout);
```

```
    window->show ();
    return app. exec ();
}
```

　　第 8 行和第 9 行设置了 QWidget，它将被作为程序的主窗口。调用函数 setWindowTitle() 来设置窗口的标题栏。第 10 行和第 11 行创建了一个 QSpinBox 和一个 QSlider，第 12 行和第 13 行设置了它们的取值范围（假设用户最大也只有 130 岁）。可以将之前创建的 QWidget 对象 window 传递给 QSpinBox 和 QSlider 的构造函数，用来说明这两个对象的父窗口，但是这么做并不是必需的。原因是窗口布局系统将会自己指出这一点，自动将 window 设置为父窗口。一会儿就可以看到这个特性。在第 14 行和第 17 行，两个对于 QObject::connect() 函数的调用确保了旋转窗口和滑块窗口的同步，这样这两个窗口总是显示同样的数值。不管一个窗口对象的数值何时发生变化，它的信号 valueChanged（int）就将被发射，而另一个窗口对象的槽 setValue（int）会接收到这个信号，使得自身的数值与其相等。第 18 行将旋转窗口的数值设置为 50。当这个事件发生的时候，QSpinBox 发射信号 valueChanged(int)，这个信号包括一个值为 50 的整型参数。这个参数被 QSlider 的槽 setValue(int) 接受，就会将滑块的值也设置为 50。由于 QSlider 的值被改变，所以 QSlider 也会发出一个 valueChanged(int) 信号并触发 QSpinBox 的 setValue(int) 槽。但是在这个时候，QSpinBox 不会再发出任何信号，因为旋转窗口的值已经被设置为 50 了。这将有效地防止信号的无限循环。从第 19 行到第 22 行，通过使用一个 layout 管理器对旋转窗口和滑块窗口进行了布局设置。一个布局管理者就是一个根据窗口作用设置其大小和位置的对象。

　　Qt 有三个主要的布局管理类。

　　QHBoxLayout：将窗口部件水平自左至右设置（有些情况下是自右向左）。

　　QVBoxLayout：将窗口部件垂直自上向下设置。

　　QGridLayout：以网格形式设置窗口部件。

　　第 22 行，调用 QWidget::setLayout() 函数在对象 window 上安装布局管理器。通过这个调用，QSpinBox 和 QSlider 自动成为布局管理器所在窗口的子窗口。现在就明白为什么在设置子窗口时不用显式地说明父窗口了。

　　可以看到，虽然没有明显地给出任何窗口的大小和位置，但 QSpinBox 和 QSlider 是很完美地被水平依次放置的。这是因为 QHBox-Layout 根据各个窗口的作用自动地为其设置了合理的大小和位置。这个功能使用户从烦琐的界面调整中解放出来，更加专注于功能的实现。

　　Qt 构建用户界面的方法很容易理解，并且有很大的灵活性。Qt 程序员最常用的设计模式是：说明所需要的窗口部件，然后设置这些部件必需的特性。程序员把窗口部件添加到布局管理器中，布局管理器就将自动地设置这些部件的大小和位置。而用户界面的行为是通过连接各个部件（运用信号/槽机制）来实现的。

　　4）派生 QDialog

　　尝试着在 Qt 里只用 C++语言而不是借助界面设计器来完成一个对话框：FIND。将这个对话框作为一个类来完成，这么做的好处是：使这个对话框成为一个独立的、拥有自己的信号和槽的、设备齐全的组件，如图 2.35 所示。

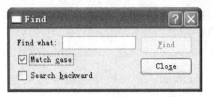

图 2.35　派生 QDialog 运行界面

程序的源代码由两部分组成：finddialog.h 和 finddialog.cpp。从头文件开始。

```
#ifndef  FINDDIALOG_H
#define  FINDDIALOG_H
#include <QDialog>
class QCheckBox;
class QLabel;
class QLineEdit;
class QPushButton;
```

第 1 行和第 2 行（和第 27 行）的作用是防止头文件被重复包含。

第 3 行包含了 QDialog 的定义。QDialog 从 QWidget 继承而来，是 Qt 的对话框基类。

第 4 行到第 7 行是对用户将要用来填充对话框的对象的类的预定义。一个预先的声明将会告诉 C++编译器这个类的存在，而不用给出所有关于实现的细节。

然后定义 FindDialog 作为 QDialog 的一个子类：

```
class FindDialog: public QDialog
{
    Q_OBJECT
public:
    FindDialog (QWidget *parent = 0);
```

在类定义顶端出现了宏 Q_OBJECT。这对于所有定义了信号或槽的类都是必需的。

FindDialog 的构造函数拥有 Qt 窗口类的典型特征。参数 parent 声明了父窗口。其默认值是一个空指针，表示这个对话框没有父窗口。

```
signals:
    void findNext (const QString &str, Qt::CaseSensitivity cs);
    void findPrevious (const QString &str, Qt::CaseSensitivity cs);
```

标记为 signals 的这一段声明了两个信号。当用户单击对话框的"Find"按钮时，信号将被发射。如果选项"Search backward"被选中，对话框将发射消息 findPrevious()；相反，对话框将发射消息 findNext()。

关键字"signals"实际上也是一个宏。C++预处理器在编译器看到它之前就已经将它转换为了标准的 C++。Qt::CaseSecsitivity 是一个枚举类型。它可以代表值 Qt::CaseSensitive 和 Qt::CaseInsensitive。

```
private slots:
    void findClicked ();
```

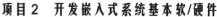

```
        void enableFindButton (const QString &text);
    private:
        QLabel *label;
        QLineEdit *lineEdit;
        QCheckBox *caseCheckBox;
        QCheckBox *backwardCheckBox;
        QPushButton *findButton;
        QPushButton *closeButton;
    };
    #endif
```

在类的 private 字段中声明了两个槽。为了实现这些槽，需要访问大多数对话框的子窗口，所以在私有字段中保留了这些子窗口的指针。和 signals 一样，关键字 slots 也是一个构造后可以被 C++编译器辨识的宏。

对于私有变量，使用了它们的类的预定义。这是编译器所允许，因为它们都是指针，而在头文件中并不需要访问它们，所以编译器并不需要完整的类定义。可以在头文件中包含使用这些类所需的头文件（<QCheckBox>,<QLabel>等），但是使用预定义可以在某种程度上加快编译过程。

现在来看源文件 finddialog.cpp。源文件里包括了 FindDialog 类的实现。

```
    #include <QtGui>
    #include "finddialog.h"
```

首先，包含了<QtGui>。这个头文件包含了对于 Qt 的 GUI 类的定义。Qt 包括一些模块，每一个模块都依赖于自己的库文件。最重要的几个模块分别是 QtCore、QtGui、QtNetwork、QtOpenGL、QtSpl、QtSvg 和 QtXml。头文件<QtGui>包括了 QtCore 和 QtGui 模块中所有类的实现。包含此头文件使用户不用单独地列出每个类所需的头文件。

在 filedialog.h 中，也可以简单地包含<QtGui>，而不是像之前做的那样包括<QDialog>，并且给 QCheckBox、QLabel、QLineEdit、QPushButton 提供预定义。这样似乎简单一些，但是在头文件中包含另外一个大的头文件是一个很坏的方式，尤其是在比较大的应用中。

```
    FindDialog::FindDialog (QWidget *parent)
        : QDialog (parent)
    {
        label = new QLabel (tr ("Find &what :"));
        lineEdit = new QLineEdit;
        label->setBuddy (lineEdit);
        caseCheckBox = new QCheckBox (tr ("Match &case"));
        backwardCheckBox = new QCheckBox (tr ("Search &backward"));
        findButton = new QPushButton (tr ("&Find"));
        findButton->setDefault (true);
        findButton->setEnabled (false);
        closeButton = new QPushButton (tr ("Close"));
```

在第 4 行，将参数 parent 传递给基类的构造函数。然后创建子窗口。对于所有的字符串都调用函数 tr()，这些字符串被标记为可以翻译成别的语言。函数 tr()在 QObject 和每个含有 Q_OBJECT 宏的子类中被定义。将每一个用户可见的字符串都用 TR()包括起来是一个很好的习惯，即使现在并没有将程序翻译为别的语言的计划。对于 Qt 应用程序的翻译将在后面的章节中详细呈现。

在字符串中，用操作符"&"来指出快捷键。例如，第 11 行创建了一个"Find"按钮。在支持快捷键的平台上用户可以按下 Alt+F 组合键来切换到这个按钮上。操作符'&'也可以用来控制程序焦点：在第 6 行创建了一个拥有快捷键（Alt+W）的标签，在第 8 行给这个标签设置一个伙伴（buddy）：lineEdit。一个 buddy 就是当标签的快捷键被按下时接收程序焦点的窗口。所以，当用户按下 Alt+W 组合键时，程序焦点转移到字符编辑框上。

在第 12 行，通过调用函数 setDefault(true)将按钮 Find 设置为程序的默认按钮（所谓的默认按钮就是当用户按下回车键时被触发的按钮）。在第 13 行，将按钮 Find 设置为不可用。当一个窗口被设置为不可用时，它通常显示为灰色，并不会和用户产生任何交互。

```
connect (lineEdit, SIGNAL (textChanged (const QString &)),
        this, SLOT (enableFindButton (const QString &)));
connect (findButton, SIGNAL (clicked ()),
        this, SLOT (findClicked ()));
connect (closeButton, SIGNAL (clicked ()),
        this, SLOT (close ()));
```

当字符编辑框中的文字被改变时，私有的槽 enableFindButton(const QString &)被调用。私有槽 findClicked()在用户单击 Find 按钮时被调用。当用户单击关闭按钮时，对话框将关闭自身。槽 close()是从 QWidget 继承而来的，它的默认行为是隐藏窗口对象（而不是删除它）。马上就能看到槽 enableFindButton()和 findClicked()的代码。

由于 QObject 是 FindDialog 的一个父类，所以可以在调用 connect()函数时忽略前面的前缀 QObject::。

```
QHBoxLayout *topLeftLayout = new QHBoxLayout;
topLeftLayout->addWidget (label);
topLeftLayout->addWidget (lineEdit);
QVBoxLayout *leftLayout = new QVBoxLayout;
leftLayout->addLayout (topLeftLayout);
leftLayout->addWidget (caseCheckBox);
leftLayout->addWidget (backwardCheckBox);
QVBoxLayout *rightLayout = new QVBoxLayout;
rightLayout->addWidget (findButton);
rightLayout->addWidget (closeButton);
rightLayout->addStretch ();
QHBoxLayout *mainLayout = new QHBoxLayout;
mainLayout->addLayout (leftLayout);
mainLayout->addLayout (rightLayout);
setLayout (mainLayout);
```

接下来，使用布局管理器来对子窗口部件进行布局。布局管理器可以包括窗口，也可以包括其他布局管理器。通过对 QHBoxLayout、QVBoxLayout 和 QGridLayout 这三个布局管理类的嵌套使用，就可以生成非常复杂的对话框了，如图 2.36 所示。

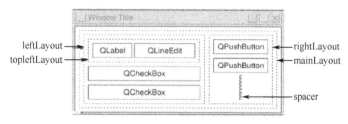

图 2.36 布局管理器界面

如图 2.36 所示，对于对话框 Find，使用了两个 QHBoxLayout 和两个 QVBoxLayout。最外层的布局是主要布局，它在第 35 行被安装并负责响应对话框的全部区域。另外的三个布局是子布局。图的右下方有一个"弹簧"，这是个空白的区域。在按钮 Find 和 Close 的下方使用空白是为了保证这些按钮出现在它们所在的布局的上方。

一个比较微妙的地方是布局管理类并不是窗口对象。它们从 QLayout 继承而来，而 QLayout 从 QObject 继承而来。在图 2.36 中，窗口以实线标记，而布局以虚线标记。在一个正在运行的程序当中，布局是不可见的。

当子布局被添加到父布局中时（代码的第 25 行、33 行和 34 行），子布局自动子类化。当主布局被安装时（第 35 行），它成为对话框的一个子类，所以在布局当中的所有窗口对象都成为对话框的子类。本例中各个类的继承层次在图 2.37 中表明。

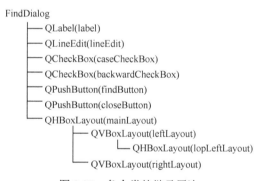

图 2.37 各个类的继承层次

```
        setWindowTitle (tr ("Find"));
        setFixedHeight (sizeHint ().height ());
    }
```

在代码的最后，将对话框标题栏的内容设置为"Find"，然后给窗口设置一个合适的高度。由于这个对话框中没有任何子窗口可能占据多余的垂直空间，函数 QWidget::sizeHint() 将会返回一个"理想"的大小。

考虑一下 FindDialog 的构造过程。由于使用了 new 来生成对话框的窗口和布局，看起来应该为每一个窗口和布局编写一个析构函数来调用 delete。事实上这不是必需的，因为在父窗口被销毁时，Qt 将会自动删除所有的子对象。本例中，所有的窗口和布局都是从

FindDialog 继承而来的，在对话框被关闭时，这些子对象也会被自动销毁。

现在看一下对话框的槽：

```cpp
void FindDialog::findClicked ()
{
    QString text = lineEdit->text ();
    Qt::CaseSensitivity cs =
            caseCheckBox->isChecked ()? Qt::CaseSensitive
                                      : Qt::CaseInsensitive;
    if (backwardCheckBox->isChecked ()) {
        emit findPrevious (text, cs);
    } else {
        emit findNext (text, cs);
    }
}
void FindDialog::enableFindButton (const QString &text) {
    findButton->setEnabled (! text.isEmpty ());
}
```

当用户按下 Find 按钮时，按钮会发射 findPrevious()或 findNext()信号，槽 findClicked()会被调用。关键字 emit 在 Qt 里很特殊，和其他的 Qt 扩展名一样，它在被传递给标准 C++编译器之前会被 C++预处理器转换。

当用户改变字符编辑框中的内容时，槽 enableFindButton()被调用。也就是说，当字符编辑框中有内容时，Find 按钮是可见的；当编辑框中没有内容时，Find 按钮不可见。

这两个槽被定义之后，关于这个对话框的内容就完成了。现在可以创建一个名为 main.cpp 的文件来试验一下 FindDialog 窗口。

```cpp
#include <QApplication>
#include "finddialog.h"
int main (int argc, char *argv [])
{
    QApplication app (argc, argv);
    FindDialog *dialog = new FindDialog;
    dialog->show ();
    return app. exec ();
}
```

现在可以编译并运行这个程序了。如果平台支持快捷键，尝试着使用快捷键 Alt+W、Alt+C、Alt+B 和 Alt+F 来触发正确的行为。按下 Tab 键来切换各个窗口。默认的 tab 顺序在程序生成时已经确定。如果想更改这个顺序，可以调用函数 QWidget::setTabOrder()。

以上代码派生了 QDialog 来生成对话框。同样的道理，也通过可以派生 QMainWindow 来生成程序主窗口，然后在主窗口中创建菜单和工具条。也就是说，可以通过只编写代码来生成一个完整的程序。

5）关于"信号和槽"（signal and slot）

通过前面的学习已经看到了"信号与槽"的运用。下面详细解释这个机制以及一些相关的内容。使用信号与槽的基本格式为：

```
connect (sender, SIGNAL (signal), receiver, SLOT (slot));
```

这里的 sender 和 receiver 是指向 QObject 的指针，而 signal 和 slot 是无参数名的函数信号。

"信号和槽"机制用于 Qt 对象间的通信。"信号/槽"机制是一种关于无缝对象通信的机制，它是 Qt 的一个中心特征，也是 Qt 与其他工具包最不相同的部分。

在图形用户界面编程中，经常希望一个窗口部件的一个变化被通知给另一个窗口部件。更一般地，希望任何一类对象可以和其他对象进行通信。例如，如果正在解析一个 XML 文件，当遇到一个新的标签时，也许希望通知列表视图正在用来表达 XML 文件的结构。

较老的工具包使用一种被称作回调（callback）的通信方式来实现同一目的。回调是指一个函数的指针，如果希望一个处理函数通知一些事件，可以把另一个函数（回调）的指针传递给处理函数。处理函数在适当的时候调用回调。回调有两个主要缺点：首先，它们不是类型安全的。从来都不能确定处理函数使用了正确的参数来调用回调；其次，回调和处理函数是非常强有力地联系在一起的，因为处理函数必须知道要调用哪个回调。

在 Qt 中，有一种可以替代回调的技术——使用信号和槽。当一个特定事件发生时，一个信号被发射。Qt 的窗口部件有很多预定义的信号，但是总是可以通过继承来加入自己的信号。"槽"就是一个可以被调用处理特定信号的函数。Qt 的窗口部件也有很多预定义的槽，但是通常的习惯是加入自己的槽，这样就可以处理所感兴趣的信号。

"信号和槽"的机制是类型安全的：一个信号的签名必须与它的接收槽的签名相匹配（实际上一个槽的签名可以比它接收的信号的签名少，因为它可以忽略额外的签名）。因为签名是一致的，编译器就可以帮助检测类型不匹配。信号和槽是宽松地联系在一起的：一个发射信号的类不用知道也不用注意哪个槽要接收这个信号。Qt 的"信号和槽"的机制可以保证如果用户把一个信号和一个槽连接起来，槽会在正确的时间使用信号的参数而被调用。信号和槽可以使用任何数量、任何类型的参数。它们是完全类型安全的：不会再有回调核心转储（core dump）。

从 QObject 类或它的一个子类（如 QWidget 类）所继承出的所有类，都可以包含信号和槽。当对象改变它们的状态时，信号被发送，这就是所有的对象通信时所做的一切。它不知道也不注意有没有对象接收它所发射的信号。槽用来接收信号，但它们同时也是对象中正常的成员函数。一个槽不知道它是否被任意信号连接。此外，对象并不知道关于这种通信的机制。用户可以把很多信号和所希望的单一槽相连，并且一个信号也可以和所期望的许多槽相连。把一个信号和另外一个信号直接相连也是可行的（这种情况下，只要第一个信号被发射，第二个信号就会被立即发射）。

一个小例子，一个最小的 C++类声明如下：

```
class Foo
{
```

```
public:
    Foo ();
    int value () const {return val ;}
    void setValue (int);
private:
    int val;
};
```

一个小的 Qt 类声明如下:

```
Class Foo: public QObject
{
    Q_OBJECT
Public:
    Foo ();
    int value () const {return val ;}
public slots:
    void setValue(int);
signals:
    void valueChanged (int);
private:
    int val;
}
```

这个类有同样的内部状态和公有方法访问状态,但是它也支持使用信号和槽的组件编程。这个类可以通过发射信号 valueChanged() 来告诉外界它的状态发生了变化,并且它有一个槽,其他对象可以发送信号给这个槽。所有包含信号和/或槽的类必须在它们的声明中提到 Q_OBJECT。

槽可以由应用程序的编写者来实现。这里是 Foo::setValue() 一个可能的实现:

```
Void Foo::setValue (int v)
{
    if (v != val) {
        val = v;
        emit valueChanged (v);
    }
}
```

emit valueChanged(v) 这一行从对象中发射 valueChanged 信号。正如所看到的,通过使用 emit signal(arguments) 来发射信号。

下面是把两个对象连接在一起的一种方法:

```
Foo a, b;
connect (&a, SIGNAL (valueChanged (int)), &b, SLOT (setValue (int)));
b.setValue (11); // a == undefined b == 11
a.setValue (79); // a == 79        b == 79
b.value ();
```

调用 a.setValue(79)会使 a 发射一个 valueChanged()信号，b 将会在它的 setValue()槽中接收这个信号，也就是 b.setValue(79)被调用。接下来 b 会发射同样的 valueChanged()信号，但是因为没有槽被连接到 b 的 valueChanged()信号，所以没有发生任何事（信号消失了）。

注意： 只有当 v != val 时，setValue()函数才会设置这个值并且发射信号。这样就避免了在循环连接的情况下（如 b.valueChanged()和 a.setValue()连接在一起）出现无休止的循环情况。

这个例子说明了对象之间可以在互相不知道的情况下一起工作，只要在最初的时候在它们中间建立连接。

预处理程序改变或移除了 signals、slots 和 emit 这些关键字，这样就可以使用标准的 C++编译器。

在一个定义有信号和槽的类上运行 moc。这样就会生成一个可以和其他对象文件编译和连接成引用程序的 C++源文件。

信号：当对象的内部状态发生改变时，信号就被发射，只有定义了一个信号的类和它的子类才能发射这个信号。

例如，一个列表框同时发射 highlighted()和 activated()这两个信号。绝大多数对象也许只对 activated()这个信号感兴趣，但是有时也想知道列表框中的哪个条目在当前是高亮的。如果两个不同的类对同一个信号感兴趣，可以把这个信号和这两个对象连接起来。

当一个信号被发射时，它所连接的槽会被立即执行，就像一个普通函数调用一样。信号/槽机制完全不依赖于任何一种图形用户界面的事件回路。当所有的槽都返回后 emit 也将返回。

如果几个槽被连接到一个信号，当信号被发射时，这些槽就会被按任意顺序一个接一个地执行。

信号会由 moc 自动生成并且一定不要在.cpp 文件中实现。它们也不能有任何返回类型（如使用 void）。

关于参数需要注意，经验显示：如果信号和槽不使用特殊的类型，它们都可以多次使用。如果 QScrollBar::valueChanged()使用了一个特殊的类型，如 hypothetical QRangeControl::Range，它就只能被连接到被设计成可以处理 QRangeControl 的槽。

槽：一个和槽连接的信号被发射时，这个操被调用。槽也是普通的 C++函数并且可以像它们一样被调用；它们唯一的特点就是它们可以被信号连接。槽的参数不能含有默认值，并且和信号一样，为了槽的参数而使用自己特定的类型是很不明智的。

槽就是普通成员函数，但有一点非常有意思，它们也和普通成员函数一样有访问权限。一个槽的访问权限决定了谁可以和它相连。

一个 public slots:区包含了任何信号都可以相连的槽。这对于组件编程来说非常有用：用户生成了许多对象，它们互相并不知道，把它们的信号和槽连接起来，这样信息就可以正确地传递，并且就像一个铁路模型，把它打开然后让它运行起来。

一个 protected slots:区包含了之后这个类和它的子类的信号才能连接的槽。这就是说这些槽只是类的实现的一部分，而不是它和外界的接口。

一个 private slots:区包含了之后这个类本身的信号可以连接的槽。这就是说它和这个类是非常紧密的，甚至它的子类都没有获得连接权利这样的信任。

可以把槽定义为虚的，这在实践中是非常有用的。

6）关于元对象系统（Meta-Object System）

Qt 的一个最主要的特点可能就是它扩展了 C++的机制，可以创建独立的软件组件，这些组件可以被绑定在一起，而不需要互相的任何了解。

这个机制被称为元对象系统，它提供了两个关键服务：信号/槽、运行时的类型信息和动态属性系统（内省机制）。内省机制对于实现信号和槽是必需的，并且允许应用程序员在程序运行时获得"元信息"（包括被对象支持的信号和槽的列表，以及这些信号/槽所在的类的名称）。内省机制同时支持"道具"（对于 Qt Designer）和文本翻译（国际化），它还是 Qt 应用程序脚本（Qt Script for Application）的基础。

标准的 C++并不提供对 Qt 的元对象系统所需要的动态元信息的支持。Qt 提供了一个单独的工具——元对象编译器（moc）来解决这个问题。Moc 用来解析 Q_OBJECT 类的定义，使这些信息在 C++函数中可用。由于 moc 使用纯粹的 C++函数来实现，所以 Qt 的元对象系统在任何 C++编译器下都可以工作。

元对象系统按如下方式工作。

（1）Q_OBJECT 宏声明一些内省函数（metaObject(),TR(),qt_matacall()和少量的其他函数）。

（2）这些函数必须在所有的 QObject 的子类中被实现。

（3）Qt 的 moc 工具负责执行被 Q_OBJECT 宏声明的函数，同时负责执行所有的信号函数。

（4）QObject 的成员函数，如 connect()和 disconnect()，使用内省函数来工作。

元对象系统基于以下三类：QOBJECT 类、类声明中的私有段的 Q_OBJECT 宏、元对象编译器。

Moc 读取 C++源文件。如果它发现其中包含一个或多个类的声明中含有 Q_OBJECT 宏，它就会给含有 Q_OBJECT 宏的类生成另一个含有元对象代码的 C++源文件。这个生成的源文件可以被类的源文件包含（#include）到或和这个类的实现一起编译和连接。

除了提供对象间通信的信号和槽机制之外（这也是介绍这个系统的主要原因），QObject 中的元对象代码也实现其他特征。

（1）className()函数在运行时以字符串返回类的名称，不需要 C++编译器中的运行时刻类型识别（RTTI）的支持。

（2）inherits()函数返回这个对象是否是一个继承于 QObject 继承树中一个特定类的类的实例。

（3）tr()和 trUtf8()两个函数是用于国际化的字符串翻译。

（4）setPorperty()和 property()两个函数是用来通过名称动态设置和获得对象属性的。

（5）metaObject()函数返回这个类所关联的元对象。

虽然使用 QObject 作为一个基类而不使用 Q_OBJECT 宏和元对象代码是可以的，但是如果 Q_OBJECT 宏没有被使用，那么这里的信号和槽及其他特征描述都不会被提供。根据元对象系统的观点，一个没有元代码的 QObject 的子类和它含有元对象代码的最近的祖先相同。举例来说，className()将不会返回类的实际名称，返回的是它的这个祖先的名称。强烈建议 QObject 的所有子类使用 Q_OBJECT 宏，而不管它们是否实际使用了信号、槽和属性。

3. Qt 设计器（Qt Designer）

Qt 允许程序员不通过任何设计工具，以纯粹的 C++代码来设计一个程序。但是更多的程序员更加习惯于在一个可视化的环境中来设计程序，尤其是在界面设计的时候。这是因为这种设计方式更加符合人类思考的习惯，也比书写代码要快速的多。

Qt 也提供了这样一个可视化的界面设计工具：Qt 设计器（Qt Designer）。Qt 设计器可以用来开发一个应用程序的全部或部分界面组件。以 Qt 设计器生成的界面组件最终被变成 C++代码，因此 Qt 设计器可以被用在一个传统的工具链中，并且它是编译器无关的。

在不同的平台上启动 Qt Designer 的方式有一定的差别。在 Windows 环境下，可以在"开始→程序→Qt"这个组件中找到 Qt Designer 的图标并单击；在 UNIX 环境下，在命令行模式下输入命令 designer；在 Mac Os 下，在 X　Finder 下双击 Designer 图标。

在默认情况下，Qt Designer 的用户界面是由几个顶级窗口共同组成的。如果更习惯于一个 MDI-style 的界面（由一个顶级窗口和几个子窗口组成的界面），可以在菜单 Edit→User Interface Mode 中选择 Docked Window 来切换界面。图 2.38 显示的就是 MDI-style 的界面。

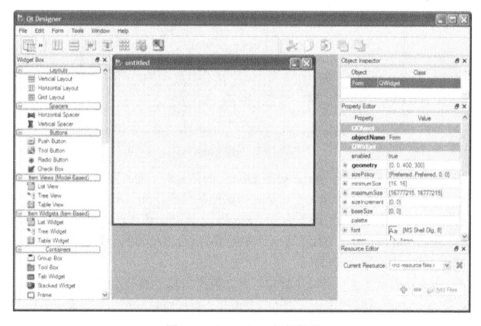

图 2.38　Qt Designer 运行界面

下面将使用 Qt Designer 来生成一个对话框 Go-to-Cell，对话框如图 2.39 所示。

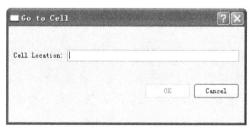

图 2.39　对话框：Go-to-Cell

不管是使用 Qt Designer 还是编码来实现一个对话框，都包括以下步骤：

（1）创建并初始化子窗口部件；

（2）将子窗口部件放置到布局当中；

（3）对 Tab 的顺序进行设置；

（4）放置信号和槽的连接；

（5）完成对话框的通用槽的功能。

现在开始工作。首先在 Qt Designer 的菜单中选择 File→New Form 命令。程序将弹出一个对话框，如图 2.40 所示。

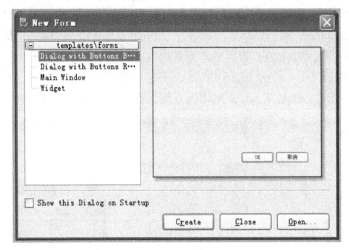

图 2.40　New Form

可以看到在窗口左上方有一个 templates\forms 的菜单，下面有四个可供选择的模板。第一个和第二个都是对话框，区别在于对话框中按钮的位置不同。第三个是主窗口，第四个是窗口部件。本例中需要选择第四个选项（Widget）。现在应该可以看到 Qt Designer 生成了一个窗口，标题栏是 Untitled（也许第一个模板更加适合所举的例子，不过，在这里，将手动添加 OK 和 Cancel 这两个按钮）。

按照上面讲过的顺序来设计这个窗口。首先需要生成子窗口部件并将它们放置在工作台上。在 Qt Designer 工作界面的左侧可以看到很多程序设计经常用到的窗口部件。如果需要它们中的一个，用鼠标把它拖到工作台上就可以了。在菜单 Display Widgets 中选择一个 Label，在菜单 Input Widgets 中选择一个 Line Edit，在菜单 Spacers 中选择一个 Horizontal Spacer（这个空白组件在最终形成的窗口中是不可见的，在 Qt Designer 中，空白组件的样子就像一个蓝色的弹簧），在菜单 Buttons 中选择两个 Push Button。按照图 2.41 所示的位置，将它们摆放起来。

可以看到工作界面显得太大了，可以用鼠标拉住边框让它改变大小，直到满意为止。不要花费太多的时间来摆放这些窗口部件的位置，只要大概类似就可以了，因为它们并不是不可调整的。Qt 的布局管理器将会对他们的位置和大小自动进行一些优化，如图 2.41 所示。

现在已经创建了这些子窗口部件，并把它们放置在了合适的位置，接下来要做的就是初始化。这需要设定这些子窗口的属性。在 Qt Designer 工作界面的右侧也同样有一些窗口，这些就是属性窗口。可以在这些窗口中找到所有部件需要设置的属性并更改它们，就可以达到目的了。

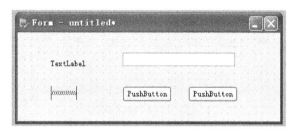

图 2.41 窗口设计

（1）单击 TextLabel，确认它的 objectName 属性是 label，然后将它的 text 属性设置为 &Cell Location。

（2）单击 line editor（窗口中的空白编辑框），确认它的 objectName 属性是 lineEdit。

（3）单击第一个按钮（左侧），将其 objectName 属性设置为 OKButton，enable 属性设置为 false，text 属性设置为 OK，default 属性设置为 true。

（4）单击第二个按钮（右侧），将其 objectName 属性设置为 cancelButton，text 属性设置为 Cancel。

（5）单击工作平台的背景，这样就可以选择整个界面。这也是一个窗口，也拥有自己的属性。把它的 objectName 属性设置为 GoToCellDialog，windowtTitle 属性设置为 Go to Cell。

完成后的 Form 变成了如图 2.42 所示的形式。

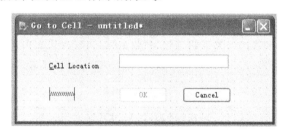

图 2.42 修改窗口

接下来给 Label 设置一个伙伴（buddy），在这个例子中，Label 的伙伴当然是后面的字符编辑框 line editor。在 Qt Designer 的菜单中选择 Edit→Edit Buddies 命令。这样即可进入 Buddy 模式，可以设置子窗口的伙伴了。单击 Label，Label 将会变成红色的，同时出现一条线，将这条线拖拽到后面的 line editor 上，然后松开。这时两个窗口都将变成红色的，中间有一条红线相连。移动鼠标到别处并单击，窗口将变成蓝色的。这说明已经设置成功了（如果设置错误，则可以用鼠标在连接窗口的线条上单击，这时相连的窗口又会变成红色的，此时按 Delete 键就可以取消设置了）。选择 Edit→Edit Widget 命令，可以退出这个模式，回到主菜单中，如图 2.43 所示。

接下来对工作台上的各个子窗口进行布局。

（1）单击标签 Cell Location，按住 Shift 键，再单击后面的字符编辑框 line editor，这样

它们两个窗口被同时选中。选择 Form→Lay Out Horizontally 命令。这样这两个窗口将被一个红色边框的矩形包围。

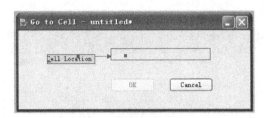

图 2.43　Buddy 模式

（2）单击空白子窗口 Spacer，按住 Shift 键，再单击后面的两个按钮，同时选定这三个窗口，然后选择 Form→Lay Out Horizontally 命令。这样这三个窗口将被一个红色边框的矩形包围。

（3）单击工作平台的背景，取消任何已经选择的组件，然后选择 Form→Lay Out Vertically 命令。这样可以将第 1 步和第 2 步所生成的两个水平布局进行垂直布局。

（4）选择 Form→Adjust Size 命令。这样可以调整主窗口的大小。最后效果如图 2.44 所示。

图 2.44　窗口布局

然后对 Tab 的顺序进行设置。选择 Edit→Edit Tab Order 命令。一个带有数字的蓝色矩形会显示在每一个窗口部件上（由于将 Label 和 line editor 设置为 buddy，这样它们在指定 Tab 的时候被视为一个组件）。单击这些带数字的矩形可以调整到想要的顺序上，然后选择 Edit->Edit Widgets 命令离开这个模式，如图 2.45 所示。

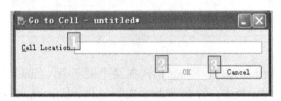

图 2.45　窗口 Tab 的顺序设置

对话框的外形已经完成了。选择 Form→Preview 命令。这样就可以预览所设计的窗口了。可以反复按 Tab 键来验证顺序是否和所设置的一致。单击顶部的"关闭"按钮就可以关闭这个预览窗口。

所有的界面设计工作已经完成了，现在要做的就是保存。选择 File→Save Form As:命令。建立一个名为 gotocell 的文件夹，将这个界面保存为名称为 gotocelldialog.ui 的文件中，放置到新建的文件夹中。

下面试着显示这个对话框。在文件夹 gotocell 中建立一个文件 main.cpp。在 cpp 文件中编写代码如下：

```cpp
#include <QApplication>
#include <QDialog>
#include "ui_gotocelldialog.h"
int main (int argc, char *argv [])
{
    QApplication app (argc, argv);
    Ui::GoToCellDialog ui;
    QDialog *dialog = new QDialog;
    ui.setupUi (dialog);
    dialog->show ();
    return app. exec ();
}
```

现在运行 qmake 工具来生成一个工程文件（.pro）和一个 makefile（qmake –project；qmake gotocell.pro）。qmake 是一个足够聪明的工具，它可以侦测到当前文件夹中的用户界面文件（在本例中就是刚才保存的 gotocelldialog.ui），并且自动生成合适的 makefile 规则来调用 uic（uic 就是 Qt 的用户界面编译器）。uic 工具将把文件 gotocelldialog.ui 的内容转换成 C++代码，写入自动生成的头文件"ui_gotocelldialog.h"中。

生成的头文件"ui_gotocelldialog.h"包括了对类 Ui::GoToCellDialog 的定义。这是一个和 gotocelldialog.ui 文件内容相同的定义，只不过它是用 C++表示的。这个类声明了存储各个子窗口和布局的成员变量，还包括一个 setupUi()的成员函数，用来初始化程序窗口。生成的类就像下面所显示的一样：

```cpp
class Ui::GoToCellDialog
{
public:
    QLabel *label;
    QLineEdit *lineEdit;
    QSpacerItem *spacerItem;
    QPushButton *okButton;
    QPushButton *cancelButton;
    ...
    void setupUi (QWidget *widget) {
        ...
    }
};
```

这个自动生成的类并没有继承任何 Qt 的类。当在 main.cpp 中使用这个界面的时候，创建一个 QDialog 并把它传递给函数 setupUi()。

现在可以编译并运行这个程序了。程序界面已经可以开始工作了，但是会发现一些问题——界面的功能并没有完全实现：

（1）按钮 OK 总是不可见的。

（2）按钮 Cancel 虽然可以显示，但它什么也不能做。

（3）字符编辑框接受任何字符，而不是像所期望的那样只接受合法的数字。

显然，应该通过编辑一些代码来使对话框函数正确地工作。最干净利落的方法是类继承。创建一个新的类，这个类同时继承 QDialog（程序中创建的，被传递给函数 setupUi()）和 Ui::GoToCellDialog，并完成这些未实现的功能（这也验证了一条名言：任何软件的问题都可以通过添加一个间接的层来解决）。对于这样的一个类，命名习惯是：把 uic 生成的类去掉前缀"Ui::"作为类名称。本例中，这个类叫作 GoToCellDialog。

创建一个头文件 gotocelldialog.h，在里面编辑代码如下：

```
#ifndef GOTOCELLDIALOG_H
#define GOTOCELLDIALOG_H
#include <QDialog>
#include "ui_gotocelldialog.h"
class GoToCellDialog: public QDialog, public Ui::GoToCellDialog
{
    Q_OBJECT
public:
    GoToCellDialog (QWidget *parent = 0);
private slots:
    void on_lineEdit_textChanged ();
};
#endif
```

有了头文件，还需要源文件。再创建一个 gotocelldialog.cpp，编辑代码如下：

```
#include <QtGui>
#include "gotocelldialog.h"
GoToCellDialog::GoToCellDialog (QWidget *parent)
    : QDialog (parent)
{
    setupUi (this);
    QRegExp regExp ("[A-Za-z] [1-9] [0-9] {0, 2}");
    lineEdit->setValidator (new QRegExpValidator (regExp, this));
    connect (okButton, SIGNAL (clicked ()), this, SLOT (accept ()));
     connect (cancelButton, SIGNAL (clicked ()), this, SLOT (reject
())); 
}
void GoToCellDialog::on_lineEdit_textChanged ()
{
    okButton->setEnabled (lineEdit->hasAcceptableInput ());
}
```

在构造函数中，调用了 setupUi() 来初始化工作平台。由于采用了多重继承，这使得可以直接访问类 Ui::GoToCellDialog 的成员变量。在用户界面生成之后，函数 setupUi() 将会把任何遵循命名规则：on_objectName_signalName() 而命名的槽和 objectName 中的信号

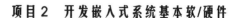

signalName()连接起来。在这个例子中，这意味着函数 setupUi()将会建立如下的连接：

```
    connect (lineEdit, SIGNAL (textChanged (const QString &)), this, SLOT
(on_lineEdit_textChanged ()));
```

同样，在构造函数中设置了一个验证器（validator）来限制输入的范围。Qt 有三个内置的验证器，它们分别是：QIntValidator、QDoubleValidator 和 QRegExpvalidator。这里使用了一个 QRegExpValidator 验证器，其规则表达式为"[A–Za–z] [1–9] [0–9] {0, 2}"。它表示：允许一个大写或小写的字母，这个字母后面紧跟着一个取值范围为[1–9]的数字，再紧跟位数取值范围为[0–2]（即不可超过100）的数字，这个数字每一位的取值范围是[0–9]。

把一个 this 指针传递给验证器 QRegExpValidator 的构造函数，这样使它成为对象 GoToCellDialog 的一个子对象。这样就不必在后面花费心思考虑对于这个 QRegExpValidator 的删除——它会在它的父对象被删除时自动销毁。

Qt 的父子机制是在 QObject 中实现的。当从父对象中产生一个子对象时（可以是一个 widget、一个 validator 或任何形式），父对象就把这个对象加入到它的子对象链表中。当父对象被删除时，它会遍历这个链表并销毁每一个子对象。这些子对象再继续销毁属于它们的子对象。如此循环，直到没有对象剩下为止。

这种机制极大地简化了程序的内存管理任务，减少了内存泄露的危险。当删除父窗口时，子窗口不光从内存中消失，也会从屏幕上消失。

在构造函数的最后，将按钮 OK 和 QDialog 的槽 accept()相连；将按钮 Cancel 和槽 reject()相连。这两个槽都会关闭窗口，但是 accept()将对话框的结果传给 QDialog::Accepted（实际上是整数 1）；而 reject()则将对话框的结果传给 QDialog::Rejected（实际上是整数 0）。当使用这个对话框时，可以查看它的返回值来确认用户是否按下了按钮 OK；程序运行是否正确。

槽 on_lineEdit_textChanged()的作用是：根据字符编辑框中的内容是否合法来决定按钮 OK 可见或不可见。函数 QLineEdit::hasAcceptableInput()使用了在构造函数中看到过的验证器。

以上已经完成了对话框的所有工作。现在重写 main.cpp：

```cpp
#include <QApplication>
#include "gotocelldialog.h"
int main (int argc, char *argv [])
{
    QApplication app (argc, argv);
    GoToCellDialog *dialog = new GoToCellDialog;
    dialog->show ();
    return app.exec ();
}
```

重新编译并执行程序。程序可以正常工作了。

使用 Qt Designer 的好处之一是把程序员从必须修改代码来适应界面的改变这个烦恼中解脱出来。如果使用纯粹的代码来编写界面，改变界面设计将耗费大量的时间。应用 Qt

Designer 将不会有任何时间上的损失：uic 工具会根据界面的改变自动更新代码。对话框用户界面被保存为.ui 文件的格式（基于 XML 的文件格式），通过派生 uic 工具生成的类，这种普遍的泛函性得到了实现。

思考与练习题 2

2.1 选择题

（1）嵌入式微处理器与通用微处理器相比，具有体积小、质量轻、成本低、（　　）和抗电磁干扰等特点。

A．集成度低　　　　　　　　　　　　B．功耗高

C．可靠性高　　　　　　　　　　　　D．工作温度范围小

（2）嵌入式系统的硬件以（　　）为核心，主要由嵌入式微处理器、总线、存储器及 I/O 接口和设备组成。

A．嵌入式微处理器　　　　　　　　　B．总线

C．存储器　　　　　　　　　　　　　D．I/O 接口和设备

（3）嵌入式微处理器按位数可以分为 4 位、8 位、16 位、（　　）。

A．20 位和 32 位　　　　　　　　　　B．32 位和 80 位

C．60 位和 120 位　　　　　　　　　D．32 位和 64 位

2.2 问答题

（1）简述目前 ARM 处理器的主要类型及特点。

（2）简述 Makefile 是如何工作的。其中的宏定义分别是什么意思？

（3）简述进程、线程的概念和特点。

2.3　实验题

（1）理解嵌入式系统软/硬件结构，熟悉 Linux C 开发，完成任务 1-1～任务 1-3 操作。

（2）应用 QT 编程技术实现将"上海欢迎您！"显示在实验平台 LCD 屏上。

项目3 嵌入式系统常用接口及通信技术

知识重点	嵌入式系统图像采集识别、无线通信硬件接口和软件设计
知识难点	嵌入式系统中图像识别原理
推荐教学方式	以任务驱动为导向，演示嵌入式系统图像采集识别、无线通信实现方法，引导学生实现仿真月球车的图像识别与传输控制
建议学时	16 学时
推荐学习方法	提前预习，收集相关项目资料，主动动手操作，理实结合
必须掌握的理论知识	嵌入式系统图像采集识别、无线通信原理和软件实现算法
必须掌握的技能	能进行嵌入式系统图像采集识别、无线通信硬件接口设计和软件设计

本项目以仿真月球车的图像识别与传输控制为目标，通过学习 ARM 嵌入式微处理器与接口知识，在嵌入式系统的集成开发环境中采用基于 Linux 的应用程序设计方法设计控制程序，并在 ARM 板内刻录开发的可执行文件实现仿真月球车的图像识别与传输控制。

3.1 A/D 与 D/A 接口

3.1.1 A/D 接口

A/D 转换器是模拟信号源和 CPU 之间联系的接口，它的任务是将连续变化的模拟信号转换为数字信号，以便计算机和数字系统进行处理、存储、控制和显示。在工业控制和数据采集及许多其他领域中，A/D 转换是不可缺少的。

1. A/D 转换器的类型

A/D 转换器有以下类型：逐位比较型、积分型、计数型、并行比较型、电压-频率型，主要应根据使用场合的具体要求，按照转换速度、精度、价格、功能及接口条件等因素来决定选择何种类型。常用的有以下两种。

1）双积分型的 A/D 转换器

双积分式也称二重积分式，其实质是测量和比较两个积分的时间，一个是对模拟输入电压积分的时间 T_0，此时间往往是固定的；另一个是以充电后的电压为初值，对参考电源 V_{ref} 反向积分，积分电容被放电至零所需的时间 T_1。模拟输入电压 V_i 与参考电压 V_{Ref} 之比，等于上述两个时间之比。由于 V_{Ref}、T_0 固定，而放电时间 T_1 可以测出，因而可计算出模拟输入电压的大小（V_{Ref} 与 V_i 符号相反）。

由于 T_0、V_{Ref} 为已知的固定常数，因此反向积分时间 T_1 与输入模拟电压 V_i 在 T_0 时间内的平均值成正比。输入电压 V_i 越高，V_A 越大，T_1 就越长。在 T_1 开始时刻，控制逻辑同时打开计数器的控制门开始计数，直到积分器恢复到零电平时，计数停止。则计数器所计出的数字即正比于输入电压 V_i 在 T_0 时间内的平均值，于是完成了一次 A/D 转换。

由于双积分型 A/D 转换是测量输入电压 V_i 在 T_0 时间内的平均值，所以对常态干扰（串摸干扰）有很强的抑制作用，尤其对正负波形对称的干扰信号，抑制效果更好。

双积分型的 A/D 转换器电路简单，抗干扰能力强、精度高，这是突出的优点。但转换速度比较慢，常用的 A/D 转换芯片的转换时间为毫秒级。例如，12 位的积分型 A/D 芯片 ADCET12BC，其转换时间为 1ms。因此适用于模拟信号变化缓慢，采样速率要求较低，而对精度要求较高，或现场干扰较严重的场合。在数字电压表中常被采用。

2）逐次逼近型的 A/D 转换器

逐次逼近型（也称逐位比较式）的 A/D 转换器，应用比积分型更为广泛，主要由逐次逼近寄存器 SAR、D/A 转换器、比较器及时序和控制逻辑等部分组成。它的实质是逐次把设定的 SAR 寄存器中的数字量经 D/A 转换后得到的电压 V_c 与待转换模拟电压 V 进行比较。比较时，先从 SAR 的最高位开始，逐次确定各位的数码应是"1"还是"0"，其工作过程如下。

转换前，先将 SAR 寄存器各位清零。转换开始时，控制逻辑电路先设定 SAR 寄存器的最高位为"1"，其余位为"0"，此试探值经 D/A 转换成电压 V_c，然后将 V_c 与模拟输入电压 V_x 比较。如果 $V_x \geq V_c$，说明 SAR 最高位的"1"应予保留；如果 $V_x < V_c$，说明 SAR 该位应予清零。然后再对 SAR 寄存器的次高位置"1"，依上述方法进行 D/A 转换和比较。如此重复上述过程，直至确定 SAR 寄存器的最低位为止。过程结束后，状态线改变状态，表明已完成一次转换。最后，逐次逼近寄存器 SAR 中的内容就是与输入模拟量 V 相对应的二进制数字量。显然 A/D 转换器的位数 N 取决于 SAR 的位数和 D/A 的位数。转换结果能否准确逼近模拟信号，主要取决于 SAR 和 D/A 的位数。位数越多，越能准确逼近模拟量，但转换所需的时间也越长。

逐次逼近式的 A/D 转换器的主要特点是：转换速度较快，在 $1 \sim 100/\mu s$ 以内分辨率可以达 18 位，特别适用于工业控制系统。转换时间固定，不随输入信号的变化而变化。抗干扰能力相对积分型的差。例如，对于模拟输入信号，采样过程中，若在采样时刻有一个干扰脉冲叠加在模拟信号上，则采样时，包括干扰信号在内，都被采样和转换为数字量，这就会造成较大的误差，所以有必要采取适当的滤波措施。

2. A/D 转换的重要指标

1）分辨率（Resolution）

分辨率反映 A/D 转换器对输入微小变化响应的能力，通常用数字输出最低位（LSB）所对应的模拟输入的电平值表示。n 位 A/D 能反映 $1/2n$ 满量程的模拟输入电平。由于分辨率直接与转换器的位数有关，所以一般也可简单地用数字量的位数来表示分辨率，即 n 位二进制数，最低位所具有的权值就是它的分辨率。

值得注意的是，分辨率与精度是两个不同的概念，不要把两者混淆。即使分辨率很高，也可能由于温度漂移、线性度等原因，而使其精度不够高。

2）精度（Accuracy）

精度可用绝对误差（Absolute Accuracy）和相对误差（Relative Accuracy）两种方法表示。

绝对误差：在一个转换器中，一个数字量的实际模拟输入电压和理想的模拟输入电压之差并非是一个常数。把它们之间的差的最大值定义为"绝对误差"。通常以数字量的最小有效位（LSB）的分数值来表示绝对误差，如±1LSB 等。绝对误差包括量化误差和其他所有误差。

相对误差：是指整个转换范围内，任一数字量所对应的模拟输入量的实际值与理论值之差，用模拟电压满量程的百分比表示。例如，满量程为 10 V，10 位 A/D 芯片，若其绝对误差为±1/2LSB，则其最小有效位的量化单位为 9.77 mV，其绝对误差为＝4.88 mV，其相对误差为 0.048%。

3）转换时间（Conversion Time）

转换时间是指完成一次 A/D 转换所需的时间，即由发出启动转换命令信号到转换结束信号开始有效的时间间隔。转换时间的倒数称为转换速率。例如，AD570 的转换时间为 25 μs，其转换速率为 40 kHz。

4）电源灵敏度（Power Supply Sensitivity）

电源灵敏度是指 A/D 转换芯片的供电电源的电压发生变化时产生的转换误差。一般用电源电压变化 1%时相当的模拟量变化的百分数来表示。

5）量程

量程是指所能转换的模拟输入电压范围，分单极性、双极性两种类型。

例如，单极性量程为 0～+5 V，0～+10 V，0～+20 V；双极性量程为-5～+5 V，-10～+10 V。

6）输出逻辑电平

多数 A/D 转换器的输出逻辑电平与 TTL 电平兼容。在考虑数字量输出与微处理的数据总线接口时，应注意是否要三态逻辑输出，是否要对数据进行锁存等。

7）工作温度范围

由于温度会对比较器、运算放大器、电阻网络等产生影响，故只在一定的温度范围内才能保证额定精度指标。一般 A/D 转换器的工作温度范围为（0～700 ℃），军用品的工作温度范围为-55～+125 ℃。

3. ARM S3C2440 自带的十位 A/D 转换器

ARM S3C2440 芯片自带一个 8 路 10 位 A/D 转换器，并且支持触摸屏功能。ARM 2440 开发板只用作 3 路 A/D 转换器，其最大转换率为 500 KB，非线性度为正负 1.5 位，其转换时间可以通过下式计算：如果系统时钟为 50 MHz，比例值为 49，则为

$$A/D 转换器频率=50 MHz/(49+1) = 1 MHz$$

$$转换时间=1/(1 MHz/5cycles) =1/200 kHz（相当于 5 μs）= 5 μs$$

与之相关的是采样控制寄存器，该寄存器的 0 位是转换使能位，写 1 表示转换开始。1 位是读操作使能转换，写 1 表示转换在读操作时开始。3、4、5 位是通道号。[13:6]位为 AD 转换比例因子。14 位为比例因子有效位，15 位为转换标志位（只读）。

ADCDAT0：转换结果数据寄存器。该寄存器的十位表示转换后的结果，全为 1 时为满量程 3.3 V。

3.1.2 D/A 接口

1. D/A 转换器的种类

D/A 转换器的内部电路构成无太大差异，一般按输出是电流还是电压、能否作乘法运算等进行分类。大多数 D/A 转换器由电阻阵列和 n 个电流开关（或电压开关）构成。按数字输入值切换开关，产生比例于输入的电流（或电压）。

1）电压输出型（如 TLC5620）

电压输出型 D/A 转换器虽有直接从电阻阵列输出电压的，但一般采用内置输出放大器以降低阻抗输出。直接输出电压的器件仅用于高阻抗负载，由于无输出放大器部分的延

迟，故常作为高速 D/A 转换器使用。

2）电流输出型（如 THS5661A）

电流输出型 D/A 转换器很少直接利用电流输出，大多外接电流-电压转换电路得到电压输出，后者有两种方法：一是只在输出引脚上接负载电阻而进行电流-电压转换；二是外接运算放大器。用负载电阻进行电流-电压转换的方法虽可在电流输出引脚上出现电压，但必须在规定的输出电压范围内使用，而且由于输出阻抗高，所以一般外接运算放大器使用。此外，大部分 CMOS DA 转换器当输出电压不为零时不能正确动作，所以必须外接运算放大器。当外接运算放大器进行电流电压转换时，则电路构成基本上与内置放大器的电压输出型相同，这时由于在 D/A 转换器的电流建立时间上加入了运算放入器的延迟，使响应变慢。此外，这种电路中运算放大器因输出引脚的内部电容而容易起振，有时必须作相位补偿。

3）乘算型（如 AD7533）

D/A 转换器中有使用恒定基准电压的，也有在基准电压输入上加交流信号的，后者由于能得到数字输入和基准电压输入相乘的结果而输出，因而称为乘算型 D/A 转换器。乘算型 D/A 转换器一般不仅可以进行乘法运算，而且可以作为使输入信号数字化地衰减的衰减器及对输入信号进行调制的调制器使用。

2．D/A 转换器的主要技术指标

（1）分辨率（Resolution）：指最小模拟输出量（对应数字量仅最低位为"1"）与最大量（对应数字量所有有效位为"1"）之比。

（2）建立时间（Setting Time）：将一个数字量转换为稳定模拟信号所需的时间，也可以认为是转换时间。D/A 中常用建立时间来描述其速度，而不是 A/D 中常用的转换速率。一般地，电流输出 D/A 建立时间较短，电压输出 D/A 则较长。

其他指标还有线性度（Linearity）、转换精度、温度系数/漂移等。

3.2　无线通信技术

3.2.1　无线通信原理

无线通信系统由信息源、变换器、发射机、传输媒质、接收机、受信人等组成，具体框图如图 3.1 所示。

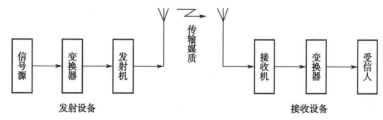

图 3.1　无线通信系统组成框图

信息源：提供需要传送的信息。

变换器：负责待传送的信息（图像、声音等）与电信号之间的互相转换。

发射机：把电信号转换成高频振荡信号并由天线发射出去。

传输媒质：信息的传送通道（自由空间）。

接收机：把高频振荡信号转换成原始电信号。

受信人：信息的最终接收者。

典型发送设备的组成框图如图 3.2 所示。

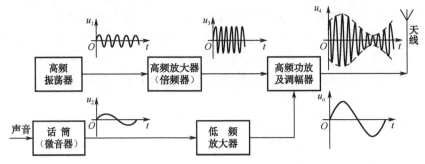

图 3.2　典型发送设备的组成框图

典型接收设备的组成框图如图 3.3 所示。

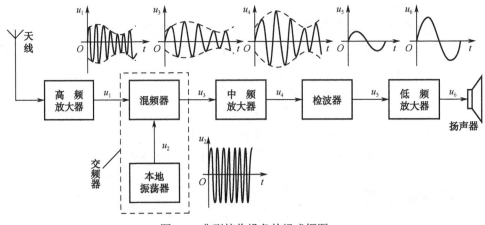

图 3.3　典型接收设备的组成框图

3.2.2　常见无线通信技术分类

在计算机技术发展早期，数据都是通过线缆传输的，线缆传输连线麻烦，需要特制接口，颇为不便。于是后来就有了红外、蓝牙、ZigBee、WiFi 等无线数据传输技术。

1．红外线通信（IRDA）

红外线通信（IRDA）就是通过红外线传输数据，为了使各种红外设备能够互联互通，1993 年，由 20 多个大厂商发起成立了红外数据协会（IrDA），统一了红外通信的标准，这就是目前被广泛使用的 IrDA 红外数据通信协议及规范。IrDA 即红外数据协会，全称 The Infrared Data Association，是 1993 年 6 月成立的一个国际性组织，专司制订和推进能共同使用的低成本红外数据互连标准，支持点对点的工作模式。由于标准的统一和应用的广泛，更多的公司开始开发和生产 IrDA 模块，技术的进步也使得 IrDA 模块的集成越来越高，体积也越来越小。IrDA（红外数据协会）的宗旨是制订以合理的代价实现的标准和协议，以推动红外通信技术的发展。

2. 蓝牙

蓝牙是一种支持设备短距离通信（一般 10 m 内）的无线电技术。能在移动电话、PDA、无线耳机、笔记本电脑、相关外设等设备之间进行无线信息交换。利用"蓝牙"技术，能够有效地简化移动通信终端设备之间的通信，也能够简化设备与 Internet 之间的通信，从而数据传输变得更加迅速高效。

特点：低成本、低功耗、短距的无线连接，"拒绝插头和连接线"。

蓝牙模块包括 USB 接口全功能、SPI 接口全功能、串口转蓝牙模块。串口转蓝牙模块包括车载免提（加外部 CODEC）、蓝牙 GPS、数码相框、PDA、PC、游戏手柄、蓝牙转串口相关产品等。

3. ZigBee

ZigBee 是一种新兴的短距离、低复杂度、低功耗、低数据速率、低成本的无线网络技术，主要用于近距离无线连接。它依据 IEEE 802.15.4 标准，在数千个微小的传感器之间相互协调实现通信。

ZigBee 无线网络主要是为工业现场自动化控制数据传输而建立的。因此它具备简单、方便、稳定和低成本等特点。

ZigBee 可使用的频段有 3 个，分别是 2.4 GHz 的 ISM 频段、欧洲的 868 MHz 频段，以及美国的 915MHz 频段，而不同频段可使用的信道分别是 16、1、10 个，如图 3.4 所示。

频率	频带	覆盖范围	数据传输速度	信道数量
2.4 GHz	ISM	全球	250 Kbps	16
915 MHz	ISM	美洲	40 Kbps	10
868 MHz	ISM	欧洲	20 Kbps	1

图 3.4 ZigBee 可使用的频段

ZigBee 规范是由 ZigBee Alliance 所主导的标准，定义了网络层（Network Layer）、安全层（Security Layer）、应用层（Application Layer），以及各种应用产品的资料（Profile）；而由国际电子电机工程协会（IEEE）所制订的 802.15.4 标准，则是定义了物理层（PHY Layer）及媒体访问控制层（Media Access Control Layer；MAC Layer），如图 3.5 所示。

ZigBee 技术的特点如下。

数据传输速率低：20 Kb/s～250 Kb/s，专注于低传输应用。

功耗低：在低功耗待机模式下，两节普通 5 号电池可使用 6～24 个月。

成本低：ZigBee 数据传输速率低，协议简单，所以大大降低了成本。

网络容量大：网络可容纳 65 000 个设备。

时延短：通常时延都在 15 ms～30 ms。

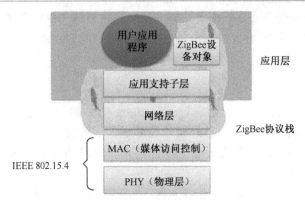

图 3.5 ZigBee 体系结构

安全：ZigBee 提供了数据完整性检查和鉴权功能，采用 AES-128 加密算法。

有效范围小：有效覆盖范围 10～75 m，具体依据实际发射功率大小和各种不同的应用模式而定。

传输可靠：采用碰撞避免策略，同时为需要固定带宽的业务预留专用时隙。

ZigBee 有三种设备类型，分别是 Coordinator（协调器）、Router（路由器）、End-Device（终端设备）。

协调器负责启动整个网络，它也是网络的第一个设备。协调器选择一个信道和一个网络 ID（也称之为 PAN ID，即 Personal Area Network ID），随后启动整个网络。

路由器的功能主要是：允许其他设备加入网络，多跳路由和协助它自己的由电池供电的子终端设备的通信。

终端设备没有特定的维持网络结构的责任，它可以睡眠或唤醒，因此它可以是一个电池供电设备。

目前 ZigBee 的实现方案主要有以下三种。

MCU 和 RF 收发器分离的双芯片方案，如 TI CC2420+MSP430、FREESCLAE MC13XX+GT60、MICROCHIP MJ2440+PIC MCU。

集成 RF 和 MCU 的单芯片 SOC 方案，如 TI CC2430/CC2431、FREESCALE MC1321X、EM250。

ZigBee 协处理器和 MCU 的双芯片方案，如 JENNIC SOC+EEPROM、EMBER 260+MCU 在主要的 Zigbee 芯片提供商中，得州仪器（TI）的 ZigBee 产品线覆盖了以上三种方案，飞思卡尔、Ember、Jennic 可以提供单芯片方案，Atmel、Microchip 等其他厂商大都提供 MCU 和 RF 收发器分离的双芯片方案。

4. WiFi

WiFi 的全称是 Wireless Fidelity，又叫 802.11b 标准，是 IEEE 定义的一个无线网络通信的工业标准。该技术使用的是 2.4 GHz 附近的频段，该频段目前尚属没用许可的无线频段（在 2.4 GHz 及 5 GHz 频段上免许可）。最高带宽为 11 Mbps，在信号较弱或有干扰的情况下，带宽可调整为 5.5 Mbps、2 Mbps 和 1 Mbps；其主要特性为：速度快、可靠性高，在开放性区域通信距离可达 305 m，在封闭性区域，通信距离为 76～122 m，方便与现有的有线以太网络整合，组网的成本更低。

WiFi 是一种可以将个人计算机、手持设备（如 PDA、手机）等终端以无线方式互相连接的技术，它为用户提供了无线的宽带互联网访问。同时，它也是在家里、办公室或在旅途中上网的快速、便捷的途径。

WiFi 模块包括全功能 WiFi 模块和串口转 WiFi 模块。全功能 WiFi 模块如 USB 接口、Mini-PCI 接口、SDIO 接口、SPI 接口，串口转 WiFi 模块如串口。

WiFi 的组成：WiFi 是由 AP（Access Point）和无线网卡组成的无线网络。AP 一般称为网络桥接器或接入点，它当作传统的有线局域网络与无线局域网络之间的桥梁，因此任何一台装有无线网卡的 PC 均可透过 AP 去分享有线局域网络甚至广域网络的资源，其工作原理相当于一个内置无线发射器的 HUB 或路由，而无线网卡则是负责接收由 AP 所发射信号的 CLIENT 端设备。Wirelessb/g 表示网卡的型号，按照其速度与技术的新旧可分为802.11a、802.11b、802.11g。

WiFi 的架设：一般架设无线网络的基本配备就是无线网卡及一台 AP，如此便能以无线的模式，配合既有的有线架构来分享网络资源，架设费用和复杂程序远远低于传统的有线网络。如果只是几台计算机的对等网，也可不要 AP，只需要每台计算机配备无线网卡。AP 为 Access Point 的简称，一般翻译为"无线访问节点"或"桥接器"。它主要在媒体访问控制层扮演无线工作站及有线局域网络的桥梁。有了 AP，就像一般有线网络的 Hub 一般，无线工作站可以快速且轻易地与网络相连。特别是对于宽带的使用，WiFi 更显优势，有线宽带网络（ADSL、小区 LAN 等）到户后，连接到一个 AP，然后在计算机中安装一块无线网卡即可。普通的家庭有一个 AP 已经足够，甚至用户的邻里得到授权后，则无须增加端口，也能以共享的方式上网。

3.3 嵌入式系统中图像采集识别控制技术

3.3.1 摄像采集原理

无论是 CCD 还是 CMOS，它们都采用感光元件作为影像捕获的基本手段，CCD/CMOS 感光元件的核心是一个感光二极管（photodiode），该二极管在接受光线照射之后能够产生输出电流，而电流的强度则与光照的强度对应。但在周边组成上，CCD 的感光元件与 CMOS 的感光元件并不相同，前者的感光元件除了感光二极管之外，还包括一个用于控制相邻电荷的存储单元，感光二极管占据了绝大多数面积。换一种说法就是，CCD 感光元件中的有效感光面积较大，在同等条件下可接收到较强的光信号，对应的输出电信号也更明晰，如图 3.6 所示。

CMOS 摄像头：一种采用 CMOS 图像传感器的摄像头。

CMOS 摄像头种类：分 CMOS 和 CCD 两类。

CMOS 一般应用在普通数码设备中，CCD 一般应用高档数码设备中，都是光学成像，CCD 比 CMOS 单位成像的效果要好。CCD 镜头比 CMOS 颜色还原要好，分辨率要高。

图 3.6　CMOS 摄像头

3.3.2　嵌入式系统中图像识别控制

图像处理的流程：首先判断图像的颜色；然后利用该颜色对对象进行二值化；对所拍摄的图像按照高度分成三等分，然后比较三等分的颜色点数量来判断形状。

图像的二值化：二值化就是将原来的灰度图像转换成只有黑和白两种颜色的图像，如图 3.7 所示。

图 3.7　图像的二值化

图像的二值化包括利用灰度图像直方图阈值二值化、灰度级切片法二值化、等灰度片法二值化。

利用灰度图像直方图阈值二值化：对于大多数灰度图像来说，图像中的物体和背景有明显的区别。通过选择阈值，区分图像和背景，以便对物体进行处理。设定一个阈值，若像素的颜色值大于阈值则取 255，否则就取 0。

灰度级切片法二值化：如图 3.8 所示，将输入图像的某一灰度级范围内的所有像素全部置为 0（黑），其余灰度级的所有像素全部置为 255（白），则生成黑白二值图像，如图 3.8 所示。

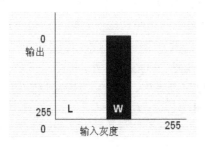

图 3.8　灰度级切片法二值化

等灰度片法二值化：将输入图像在某两个等宽的灰度级范围内的所有像素全部置为 0（黑），其余灰度级的所有像素全部置为 255（白），则生成黑白二值图像，如图 3.9 所示。

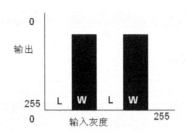

图 3.9　等灰度片法二值化

边界提取、边界跟踪。边界提取，二值图像边界提取算法就是掏空内部点，如果原图中有一点为黑，且它的 8 个相邻点都是黑色时，则将该点删除。

边界提取效果如图 3.10 所示。

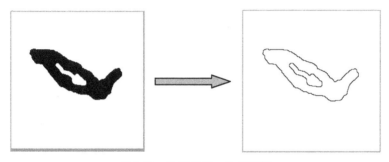

图 3.10　边界提取、边界跟踪

边界跟踪，跟踪准则：从第一个边界点开始，定义初始的搜索方为沿左上方；如果上方的点是黑点，则为边界点，否则搜索方向为顺时针旋转 45°。这样一直到寻找到第一个黑点为止。然后把这个黑点作为新的边界点，在当前的搜索方向的基础上逆时针旋转 90°，继续用同样的方法搜索下一个黑点，直到返回最初的边界点为止。

轮廓跟踪的流程图如图 3.11 所示。

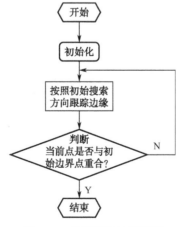

图 3.11　轮廓跟踪的流程图

在学习嵌入式系统接口技术、无线通信技术及图像采集控制技术的基础上，实现仿真月球车的图像识别与传输控制通过任务 3-1～任务 3-7 来实现，具体操作过程介绍如下。

任务 3-1　A/D 接口实验

1. 目的与要求

了解在 Linux 环境下对 S3C2440 芯片的 8 通道 10 位 A/D 的操作与控制。学习 A/D 接口原理，了解实现 A/D 系统对于系统的软件和硬件要求。阅读 ARM 芯片文档，掌握 ARM 的 A/D 相关寄存器的功能，熟悉 ARM 系统硬件的 A/D 相关接口。利用外部模拟信号编程实现 ARM 循环采集全部前 3 路通道，并且在超级终端上显示。

2. 操作步骤

（1）在虚拟机上创建并进入实验目录。

```
# mkdir ad
# cd ad
```

（2）使用 vi 编辑源程序。

```
   # vi ad.c
#include <stdio.h>
#include <unistd.h>
#include <sys/types.h>
#include <sys/ipc.h>
#include <sys/ioctl.h>
#include <pthread.h>
#include <fcntl.h>
#include "s3c2440-adc.h"
#define ADC_DEV   "/dev/s3c2440_adc"
static int adc_fd = -1;
static int init_ADdevice(void)
{
if((adc_fd=open(ADC_DEV, O_RDWR))<0){
 printf("Error opening %s adc device\n", ADC_DEV);
 return -1;  }
}
static int GetADresult(int channel)
{
int PRESCALE=0XFF;
 int data=ADC_WRITE(channel, PRESCALE);
 write(adc_fd, &data, sizeof(data));
 read(adc_fd, &data, sizeof(data));
return data;
```

```
    }
    static int stop=0;
    static void* comMonitor(void* data)
    {
    getchar();
    stop=1;
    return NULL;
    }
    int main(void)
    {
    int i;
    float d;
    pthread_t th_com;
     void * retval;
     //set s3c2440 AD register and start AD
    if(init_ADdevice()<0)
     return -1;
     /* Create the threads */
     pthread_create(&th_com, NULL, comMonitor, 0);
    printf("\nPress Enter key exit!\n");
     while( stop==0 ){
      for(i=0; i<=2; i++){//采样 0~2 路 A/D 值
    d=((float)GetADresult(i)*3.3)/1024.0;
    printf("a%d=%8.4f\t",i,d);
     }  usleep(1);  printf("\r");  }
     /* Wait until producer and consumer finish. */
    pthread_join(th_com, &retval);
    printf("\n");
    return 0;
    }
```

（3）编译源程序。

```
#arm-linux-gcc -c -o main.o main.c
#arm-linux-gcc -o ad main.o -lpthread
```

（4）启动 2440 实验系统，连好网线、串口线。通过串口终端挂载宿主机实验目录。

```
#mount  - t  nfs  - o  nolock,rsize=4096,wsize=4096  192.168.1.1:/ad
/mnt/nfs/
```

（5）执行程序。

```
#./ad
Press Enter key quit!!!
a0= 0.0088  a1= 0.0089 a2= 0.6007
```

可以通过调节开发板上的三个黄色的电位器来查看 a0、a1、a2 的变化。

3. 任务小结

做这个任务之前一定要阅读 ARM 芯片文档，掌握 ARM 的 A/D 相关寄存器的功能，熟悉 ARM 系统硬件的 A/D 相关接口，这样才能理解硬件设计，知道如何通过软件来实现，同样在此基础上可以完成 D/A 接口实验。

任务 3-2 仿真月球车的图像识别与传输控制

1. 目的与要求

本项目基于三星 S3C2440 16/32 位 RISC 处理器专门针对仿真月球车的图像识别与传输控制开发实现，系统由核心控制板系统、驱动底板、通信模块、图像采集模块组成。核心控制板系统 CPU 是 SamSungS3C2440A，主频 400 MHz，最高 533 MHz，实现总体系统的控制。驱动底板的任务是进行信号转换，最终控制电机。电源电压转换将电池的 11 V 左右的电压转换成各个模块工作电压及各种接口的扩展。图像采集模块实现对图像的采集。通信模块实现将采集的图像发送到指定终端。软件通过 Linux +c 来实现。

2. 操作步骤

1）硬件电路设计

摄像头硬件接口设计如图 3.12 所示。

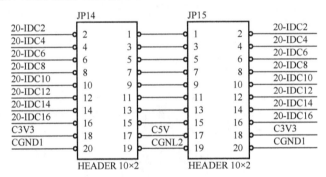

图 3.12 摄像头硬件接口

图像采集模块摄像头实物如图 3.13 所示。

图 3.13 摄像头实物

摄像头与驱动底板接线图 3.14 所示。

图 3.14 摄像头与驱动底板接线图

月球车与控制主机无线通信实现如图 3.15 所示。

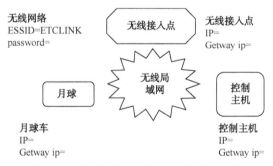

图 3.15 月球车与控制主机无线通信架构

通信协议：采用标准的 TCP/IP 协议完成控制主机和月球车通信，其中控制主机作为 TCP 的服务器端，月球车作为 TCP 的客户端。每次通信由月球车发出连接请求，服务器响应后建立连接，月球车和控制主机之间进行数据传输，数据传输完成后断开该次连接。在通信中，套接字（socket）网络地址类型选取在 Internet 上通信的网络地址类型（AF_INET），套接字类型采用流连接方式（SOCK_STREAM）和默认的网络协议。

2）程序设计

（1）程序算法分析。

月球车与控制主机无线通信流程如图 3.16 所示。

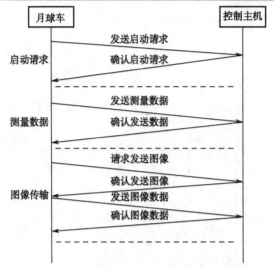

图 3.16 月球车与控制主机无线通信流程

月球车与控制主机无线通信请求命令和反馈命令如表 3.1 所示。

表 3.1 月球车与控制主机无线通信请求命令和反馈命令表

请 求 命 令	反 馈 命 令	描 述
0x01	0xFE	月球车启动出发命令
0x02	0xFD	月球车请求发送图像命令
0x03	0xFC	月球车发送图像数据

仿真月球车的图像处理采用二值化，图像识别的图像形状分别为三角形、矩形和圆形，图像特征数据如表 3.2 所示。

表 3.2 图像特征数据表

图像特征值	图 像 形 状	图 像 颜 色
0x01	三角形	红色
0x02	三角形	绿色
0x03	三角形	蓝色
0x04	矩形	红色
0x05	矩形	绿色
0x06	矩形	蓝色
0x07	圆形	红色
0x08	圆形	绿色
0x09	圆形	蓝色

（2）程序流程图如图 3.17 所示。

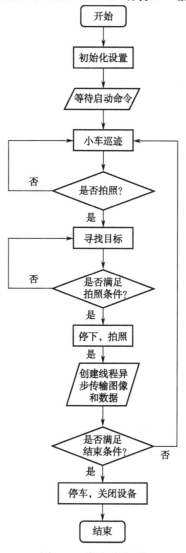

图 3.17 程序流程图

（3）主程序分析：

```
wf_trans.h
#ifndef WF_TRANS_H
#define WF_TRANS_H
// 屏蔽下面这行，不打印收到的网络数据内容
//#define DEBUG_TRANS                    //打印收到的网络数据内容
//#define MULTI_THREAD                   //使用多线程的编译开关
#define CONNECT_PORT    7001
// 图像数据存放指针，指针内存已静态分配，最大*640*2 字节
extern unsigned char *pImageData;  //for camera image acquistion
// 为图像处理动态分配内存
int malloc_image_memory();
// 释放在 malloc_image_memory()里动态分配的内存
```

```
void FreeImageMemory();
// 启动月球车请求函数
// ipaddr: 上位机 IP 地址字符串, 如.168.0.10
// port: 上位机侦听端口
// 返回值: -1, 请求失败, 没有回应; 0, 马上启动; >0, 等待多少秒再发请求
int StartMoonCar(char *ipaddr, int port);
// 启动月球车应答状态, 0: 马上启动, >0: 等待多少秒再发请求
extern int startAckFlag;
// 上传采集数据函数
// ipaddr: 上位机 IP 地址字符串, 如.168.0.10
// port: 上位机侦听端口
// data: 采集数据指针
// len: 采集数据长度
// 返回值: -1, 请求失败, 没有回应; 1, 上传成功; 0, 上传失败
int TransData(char *ipaddr, int port, unsigned char *data, int len);
// 上传一帧图像函数
// ipaddr: 上位机 IP 地址字符串, 如.168.0.10
// port: 上位机侦听端口
// col: 图像宽度
// row: 图像高度
// 注意: 图像数据存储在 pImageData 指针指向内存中。
// 返回值: -1, 请求失败, 没有回应; 1, 上传成功; 0, 上传失败
int TransImage(char *ipaddr, int port, int col, int row);
int TransTeamName(char *ipaddr, int port, unsigned char *data, int
len);
int TransLogo(char *ipaddr, int port, unsigned char *data, int len);
int TransStop(char *ipaddr, int port);
void chargeImage(unsigned char i);
void SetPicture(unsigned char i);
#endif
camera.h
#ifndef CAMERA_H
#define CAMERA_H
// 窗口结构体
typedef struct frame {
int fd;
unsigned char* addr;
int width;
int height;
int lineLen;
int size;
int bPP;
} FRAME;
/*
// 像素点结构体, 由高低字节组成
typedef struct pointPixel {
```

```
unsigned char byteLow;
unsigned char byteHeight;
};
*/
// 检测物结构体
typedef struct object {
int X;                          //x坐标
int Y;                          //y坐标
float scale;                    //占整个屏幕的比例
} OBJECT;
// 打开摄像头
// DeviceName：摄像头设备文件路径
// pFb：指向摄像头窗口的指针
int open_camera(char* DeviceName, struct frame* pFb);
// 关闭摄像头
// pFb：指向摄像头窗口的指针
void close_camera(struct frame* pFb);
// 在图像识别之前执行的图像处理缓冲区初始化
// pObj：要识别的目标物对象指针
void init_imageHandler(struct object* pObj);
// 获取当前时刻的一帧图像
// pFb：指向摄像头窗口的指针
void fetch_picture(struct frame* pFb);
// 图像识别函数
// pFb：指向摄像头窗口的指针
// type：当前要识别的检测物的颜色
// pObj：要识别的目标物结构体的指针
void image_recognize(struct frame* pFb, unsigned char type, struct
object* pObj);
#endif


camera.c
#include <stdio.h>
#include <stdlib.h>
#include <errno.h>
#include <string.h>
#include <fcntl.h>
#include <sys/ioctl.h>
#include<unistd.h>
#include "camera.h"
#include "wf_trans.h"


#define CAMERA_WIDTH    160
#define CAMERA_HEIGHT   128
// 用于图像处理的暂存区，都是半个屏幕
unsigned char g_tmpBuffer1[CAMERA_WIDTH*CAMERA_HEIGHT];
```

```
unsigned char g_tmpBuffer2[CAMERA_WIDTH*CAMERA_HEIGHT];
// 打开摄像头
int open_camera(char* DeviceName, struct frame* pFb)
{
pFb->fd = open(DeviceName, O_RDONLY);
if (pFb->fd < 0)
{
printf("cannot open video device, line:%d\n", __LINE__);
return -1;
}
// set camera acquisition resolution
ioctl(pFb->fd, 0, CAMERA_WIDTH);
ioctl(pFb->fd, 1, CAMERA_HEIGHT);
close(pFb->fd);
pFb->fd = open(DeviceName, O_RDONLY);
if (pFb->fd < 0)
{
printf("cannot open video device, line:%d\n", __LINE__);
return -1;
}
pFb->width  = CAMERA_WIDTH;
pFb->height = CAMERA_HEIGHT;
pFb->bPP  = 16;
pFb->lineLen = (pFb->width * pFb->bPP) / 8;
pFb->size = pFb->lineLen * pFb->height;
pFb->addr = pImageData;
if(pFb->addr == NULL)
{
printf("cannot malloc memory for 1th video device\n");
return -1;
}
memset(pFb->addr, 0, pFb->size);
memset(g_tmpBuffer2, 0xff, sizeof g_tmpBuffer2);
return 1;
}
// 关闭摄像头
void close_camera(struct frame* pFb)
{
close(pFb->fd);
}
void init_imageHandler(struct object* pObj)
{
memset(g_tmpBuffer2, 0xff, sizeof g_tmpBuffer2);
pObj->X = 0;
pObj->Y = 0;
pObj->scale = 0.0;
```

```
}
// 获取当前时刻的一帧图像
void fetch_picture(struct frame* pFb)
{
int ret = read(pFb->fd, pFb->addr, pFb->size);
if (ret != pFb->size)
{
printf("error in fetching picture from video\n");
}
}
// 图像识别函数
void image_recognize(struct frame* pFb, unsigned char type, struct
object* pObj)
{
int i, tmpSum;
unsigned char r, g, b;
unsigned char* addr = pFb->addr + (CAMERA_WIDTH*CAMERA_HEIGHT);
unsigned char* tmpAddr = g_tmpBuffer1;
// 图像处理，二值化
for(i=0; i<(pFb->size)/2-1; i+=2)
{
r = (*(addr+1) & 0xf8);
g = ((*(addr+1)&0x07)<<5) + ((*(addr)&0xe0)>>3);
b = ((*(addr) & 0x1f) << 3);
switch(type) {
case 1:
if(r > 50) {
if(r < 120) {
if(g <= 8 || b <= 8 ) {
*(tmpAddr+1) = 0xf8;
*(tmpAddr) = 0;
} else if((r/g > 1) && (r/b > 1)) {
*(tmpAddr+1) = 0xf8;
*(tmpAddr) = 0;
} else {
*(tmpAddr+1) = 0;
*(tmpAddr) = 0;
}
} else {
if(r-g > 40 && r-b > 40) {
*(tmpAddr+1) = 0xf8;
*(tmpAddr) = 0;
} else {
*(tmpAddr+1) = 0;
*(tmpAddr) = 0;
}
```

```
    }
    } else {
    *(tmpAddr+1) = 0;
    *(tmpAddr) = 0;
    }
    break;
    case 2:
    if(g > 60) {
    if(g < 120) {
    if(r <= 8 || b <= 8 ) {
    *(tmpAddr+1) = 0xf8;
    *(tmpAddr) = 0;
    } else if((g/r > 1) && (g/r > 1)) {
    *(tmpAddr+1) = 0xf8;
    *(tmpAddr) = 0;
    } else {
    *(tmpAddr+1) = 0;
    *(tmpAddr) = 0;
    }
    } else {
    if(g-r > 35 && g-b > 35) {
    *(tmpAddr+1) = 0xf8;
    *(tmpAddr) = 0;
    } else {
    *(tmpAddr+1) = 0;
    *(tmpAddr) = 0;
    }
    }
    } else {
    *(tmpAddr+1) = 0;
    *(tmpAddr) = 0;
    }
    break;
    case 3:
    if(b > 30) {
    if(b < 120) {
    if(r <= 8 || g <= 8 ) {
    *(tmpAddr+1) = 0xf8;
    *(tmpAddr) = 0;
    } else if((b/r > 1) && (b/g > 1)) {
    *(tmpAddr+1) = 0xf8;
    *(tmpAddr) = 0;
    } else {
    *(tmpAddr+1) = 0;
    *(tmpAddr) = 0;
    }
```

```c
}
} else {
if(b-r > 20 && b-g > 20) {
*(tmpAddr+1) = 0xf8;
*(tmpAddr) = 0;
} else {
*(tmpAddr+1) = 0;
*(tmpAddr) = 0;
}
}
} else {
*(tmpAddr+1) = 0;
*(tmpAddr) = 0;
}
break;
default:
break;
}
addr += 2;
tmpAddr += 2;
}
long tmpX = 0, tmpY = 0;
unsigned char temp;
unsigned char* tmpAddr2 = g_tmpBuffer2;
tmpSum = 1;
tmpAddr = g_tmpBuffer1;
for(i=0; i<pFb->size/2; i++)
{
temp = *tmpAddr;
*tmpAddr &= *tmpAddr2;
if(*tmpAddr != 0)
{
tmpSum ++;
tmpX += (i/2) % CAMERA_WIDTH;
tmpY += (i/2) / CAMERA_WIDTH;
}
*tmpAddr2 = temp;
tmpAddr ++;
tmpAddr2 ++;
}
pObj->X = tmpX / tmpSum;
pObj->Y = tmpY / tmpSum;
pObj->scale = (tmpSum*1.0)/(CAMERA_WIDTH*CAMERA_HEIGHT/2);
}


wf_trans.c
```

```c
#include <stdio.h>
#include <stdlib.h>
#include <errno.h>
#include <string.h>
#include <netdb.h>
#include <sys/types.h>
#include <netinet/in.h>
#include <sys/socket.h>
#include <pthread.h>
#include<unistd.h>
#include "wf_trans.h"
#define MSG_LEN              40
#define MSG_DATA_LEN         37
#define MSG_CMD_LEN          4
#define DELAY_SECONDS        10
#define START_SOON           0
#define K_OK                 1
#define K_NOK                0
#define IMAGE_ROW            512            // maximum row length
#define IMAGE_COL            640            // maximum row length
#define BIANHAO              00
#define PASSWORD             37
typedef struct MSG_IMAGE_DATA_T{
unsigned char   pat;
unsigned short len;
unsigned char   cmd;
unsigned char task;
unsigned char pic;
unsigned int imagesize;
unsigned short col;
unsigned short row;
unsigned char   data[MSG_LEN-20];
} MSG_IMAGE_DATA;
MSG_IMAGE_DATA *msgData;
//unsigned char rcvImageReqCmdd[MSG_LEN]={0x55,BIANHAO,PASSWORD,0x02,
0x2,0x03};
// 跟 PC 通信的各种握手命令
unsigned char rcvStartReqCmd[MSG_LEN]={0x55,BIANHAO,PASSWORD,0x01};
unsigned char sndStartAckCmd[MSG_LEN]={0xaa,BIANHAO,PASSWORD,0xFE};
unsigned char rcvDataReqCmd[MSG_LEN]={0x55,BIANHAO,PASSWORD,0x04, 0x01,
0x02, 0x55, 0xaa}; // request to upload data
unsigned char sndDataAckCmd[MSG_LEN]={0xaa,BIANHAO,PASSWORD,0xFB};
unsigned char rcvImageReqCmd[MSG_LEN]={0x55,BIANHAO,PASSWORD,0x02,0x1,
0x03};          // request to upload image
unsigned char sndImageAckCmd[MSG_LEN]={0xaa,BIANHAO,PASSWORD,0xFD,0x02};
unsigned char rcvImageDataReqCmd[MSG_CMD_LEN]={0x55,BIANHAO,PASSWORD,
```

```
0x03};    // request to upload image data
        unsigned char sndImageDataAckCmd[MSG_LEN]={0xaa,BIANHAO,PASSWORD,0xFC};
        //transate team name command
        unsigned char rcvTeamNameReqCmd[MSG_LEN]={0x55,BIANHAO,PASSWORD,0x05,
0x31, 0x32, 0x35, 0x39};    // request to upload data
        unsigned char sndTeamNameAckCmd[MSG_LEN]={0xaa,BIANHAO,PASSWORD,0xFA};
        //stop task command
        unsigned char rcvStopReqCmd[MSG_LEN]={0x55,BIANHAO,PASSWORD,0x07};
                    // request to upload image
        unsigned char sndStopAckCmd[MSG_LEN]={0xaa,BIANHAO,PASSWORD,0xF8};
        unsigned char sndLogoAckCmd[MSG_LEN]={0xaa,BIANHAO,PASSWORD,0xf9};
        // 要传输的图像数据指针
        unsigned char *pImageData = NULL;
        // 传输图像时的请求命令
        unsigned char *pImageDataReqCmd = NULL;
        // 用来暂存数据的缓冲区
        unsigned char buf[50];
        // 启动标志
        int startAckFlag = -1;
        // 各个传输参数
        char *ipaddr_g;
        int port_g;
        unsigned char *data_g;
        int len_g;
        int col_g, row_g;
        // 为图像处理动态分配内存
        int malloc_image_memory()
        {
        if(pImageDataReqCmd == NULL)
        {
        pImageDataReqCmd = malloc(MSG_CMD_LEN+IMAGE_ROW*IMAGE_COL*2);
        if(pImageDataReqCmd == NULL)
        {
        printf("%s: cannot malloc memory for video device", __FUNCTION__);
        return -1;
        }
        else
        {
        memcpy(pImageDataReqCmd, rcvImageDataReqCmd, MSG_CMD_LEN);
        pImageData = pImageDataReqCmd + MSG_CMD_LEN;
        }
        }
        return 1;
        }


        // 释放在malloc_image_memory()里动态分配的内存
```

```
void FreeImageMemory()
{
if(pImageDataReqCmd != NULL)
{
free(pImageDataReqCmd);
pImageDataReqCmd = NULL;
}
else
printf("%s: error, pImageDataReqCmd is NULL\n", __FUNCTION__);
}

// 比较两部分数据是否一致
static int CompareCmd(unsigned char* buf1, unsigned char* buf2, int len)
{
int i;
for(i=0; i<len; i++)
if(*(buf1+i) != *(buf2+i))
return 0;
return 1;
}

// 启动月球车请求函数的处理实体，放在一个临时线程中运行
void StartMoonCar_Handler(void *arg)
{
int sockfd, numbytes;
struct hostent *he;
struct sockaddr_in their_addr;

he = gethostbyname(ipaddr_g);
if((sockfd = socket(AF_INET,SOCK_STREAM,0))==-1)
{
perror("socket");
exit(1);
}

their_addr.sin_family = AF_INET;
their_addr.sin_port = htons(port_g);
their_addr.sin_addr = *((struct in_addr *)he->h_addr);
bzero(&(their_addr.sin_zero),8);

if(connect(sockfd,(struct sockaddr *)&their_addr, sizeof(struct sockaddr))==-1)
{
perror("connect");
exit(1);
```

```c
}

if(send(sockfd, rcvStartReqCmd, MSG_LEN, 0)==-1)
{
perror("send");
exit(1);
}

if((numbytes = recv(sockfd, buf, MSG_LEN, 0))==-1)
{
perror("recv");
exit(1);
}

#ifdef DEBUG_TRANS
printf("received start request ack is\n");
for(i=0;  i<numbytes; i++)
printf("%x ",buf[i]);
printf("\n");
#endif

close(sockfd);

if (CompareCmd(buf, sndStartAckCmd, MSG_CMD_LEN))
{
startAckFlag = buf[MSG_CMD_LEN];
}
else
{
startAckFlag = -1;
}

pthread_exit(NULL);

}

// 启动月球车请求函数

pthread_t startMoon;
int StartMoonCar(char *ipaddr, int port)
{
ipaddr_g = ipaddr;
port_g = port;

pthread_create(&startMoon, NULL, (void*)&StartMoonCar_Handler, NULL);
```

```
return 0;
}

// 上传采集数据函数的处理实体，放在一个临时线程中运行
void TransData_Handler(void *arg)
{
int sockfd, numbytes;
struct hostent *he;
struct sockaddr_in their_addr;

he = gethostbyname(ipaddr_g);
if((sockfd = socket(AF_INET,SOCK_STREAM,0))==-1)
{
perror("socket");
exit(1);
}

their_addr.sin_family = AF_INET;
their_addr.sin_port = htons(port_g);
their_addr.sin_addr = *((struct in_addr *)he->h_addr);
bzero(&(their_addr.sin_zero),8);

if(connect(sockfd,(struct sockaddr *)&their_addr,
sizeof(struct sockaddr))==-1){
perror("connect");
exit(1);
}

if (data_g!= NULL) {
memcpy(&rcvDataReqCmd[MSG_CMD_LEN], data_g, len_g);
}
if(send(sockfd, rcvDataReqCmd, MSG_LEN, 0)==-1)
{
perror("send");
exit(1);
}

if((numbytes = recv(sockfd, buf, MSG_LEN, 0))==-1)
{
perror("recv");
exit(1);
}

#ifdef DEBUG_TRANS
printf("received upload data ack is\n");
for(i=0;  i<numbytes; i++)
```

```
printf("%x ",buf[i]);
printf("\n");
#endif

close(sockfd);
#ifdef MULTI_THREAD
pthread_exit(NULL);
#endif
}
// 上传采集数据函数
#ifdef MULTI_THREAD
pthread_t transData;
#endif
int TransData(char *ipaddr, int port, unsigned char *data, int len)
{
ipaddr_g = ipaddr;
port_g = port;
data_g = data;
len_g = len;
#ifdef MULTI_THREAD
pthread_create(&transData, NULL, (void*)&TransData_Handler, NULL);
#else
TransData_Handler(NULL);
#endif
return 1;
}


// 上传一帧图像函数的处理实体，放在一个临时线程中运行
void TransImage_Handler(void *arg)
{
int sockfd, numbytes;
struct hostent *he;
struct sockaddr_in their_addr;

he = gethostbyname(ipaddr_g);
if((sockfd = socket(AF_INET,SOCK_STREAM,0))==-1)
{
perror("socket");
exit(1);
}

their_addr.sin_family = AF_INET;
their_addr.sin_port = htons(port_g);
their_addr.sin_addr = *((struct in_addr *)he->h_addr);
bzero(&(their_addr.sin_zero),8);
```

```
    if(connect(sockfd,(struct sockaddr *)&their_addr,
    sizeof(struct sockaddr))==-1)
    {
    perror("connect");
    exit(1);
    }

    msgData = (MSG_IMAGE_DATA *)rcvImageReqCmd;
    //msgData->pic=0x04;
    msgData->imagesize = 160*128*2;//(col_g*row_g*2);
    msgData->col = col_g;
    msgData->row = row_g;

    if(send(sockfd, rcvImageReqCmd, MSG_LEN, 0)==-1)
    {
    perror("send");
    exit(1);
    }

    if((numbytes = recv(sockfd, buf, MSG_LEN, 0))==-1)
    {
    perror("recv");
    exit(1);
    }

    #ifdef DEBUG_TRANS
    printf("received upload image info ack is\n");
    for(i=0; i<numbytes; i++)
    printf("%x ",buf[i]);
    printf("\n");
    #endif

    if(pImageDataReqCmd == NULL)
    {
    printf("%s:    error,   pImageDataReqCmd   is   NULL.   Please   call
StartMoonCar() to allocate memory\n", __FUNCTION__);
    exit(1);
    }

    if(send(sockfd, pImageDataReqCmd, MSG_CMD_LEN+col_g*row_g*2, 0)==-1)
    {
    perror("send");
    exit(1);
    }

    if((numbytes = recv(sockfd, buf, MSG_LEN, 0))==-1)
```

```
{
perror("recv");
exit(1);
}

#ifdef DEBUG_TRANS
printf("received upload image data ack is\n");
for(i=0;  i<numbytes; i++)
printf("%x ",buf[i]);
printf("\n");
#endif

close(sockfd);
#ifdef MULTI_THREAD
pthread_exit(NULL);
#endif
}
// 上传一帧图像函数
#ifdef MULTI_THREAD
pthread_t transImage;
#endif
int TransImage(char *ipaddr, int port, int col, int row)
{
ipaddr_g = ipaddr;
port_g = port;
col_g = col;
row_g = row;
#ifdef MULTI_THREAD
pthread_create(&transImage, NULL, (void*)&TransImage_Handler, NULL);
#else
TransImage_Handler(NULL);
#endif
return 1;
}

// 上传采集数据函数的处理实体，放在一个临时线程中运行
void TransTeamName_Handler(void *arg)
{
int sockfd, numbytes;
struct hostent *he;
struct sockaddr_in their_addr;

he = gethostbyname(ipaddr_g);
if((sockfd = socket(AF_INET,SOCK_STREAM,0))==-1)
{
perror("socket");
```

```
exit(1);
}

their_addr.sin_family = AF_INET;
their_addr.sin_port = htons(port_g);
their_addr.sin_addr = *((struct in_addr *)he->h_addr);
bzero(&(their_addr.sin_zero),8);

if(connect(sockfd,(struct sockaddr *)&their_addr,
sizeof(struct sockaddr))==-1){
perror("connect");
exit(1);
}

if (data_g!= NULL) {
memcpy(&rcvTeamNameReqCmd[MSG_CMD_LEN], data_g, len_g);
}
if(send(sockfd, rcvTeamNameReqCmd, MSG_LEN, 0)==-1)
{
perror("send");
exit(1);
}

if((numbytes = recv(sockfd, buf, MSG_LEN, 0))==-1)
{
perror("recv");
exit(1);
}

#ifdef DEBUG_TRANS
printf("received upload data ack is\n");
for(i=0; i<numbytes; i++)
printf("%x ",buf[i]);
printf("\n");
#endif

close(sockfd);
#ifdef MULTI_THREAD
pthread_exit(NULL);
#endif
}

// 上传采集数据函数
#ifdef MULTI_THREAD
pthread_t transTeamName;
#endif
```

```
//Translate team name in data
int TransTeamName(char *ipaddr, int port, unsigned char *data, int
len)
{
ipaddr_g = ipaddr;
port_g = port;
data_g = data;
len_g = len;
#ifdef MULTI_THREAD
pthread_create(&transTeamName,  NULL,  (void*)&TransTeamName_Handler,
NULL);
#else
TransTeamName_Handler(NULL);
#endif
return 1;
}

// 上传一帧 LOGO 图像函数的处理实体，放在一个临时线程中运行
void TransLogo_Handler(void *arg)
{
int sockfd, numbytes;
struct hostent *he;
struct sockaddr_in their_addr;

he = gethostbyname(ipaddr_g);
if((sockfd = socket(AF_INET,SOCK_STREAM,0))==-1)
{
perror("socket");
exit(1);
}

their_addr.sin_family = AF_INET;
their_addr.sin_port = htons(port_g);
their_addr.sin_addr = *((struct in_addr *)he->h_addr);
bzero(&(their_addr.sin_zero),8);

if(connect(sockfd,(struct sockaddr *)&their_addr,
sizeof(struct sockaddr))==-1){
perror("connect");
exit(1);
}

/*  if (data_g!= NULL) {
memcpy(&rcvLogoReqCmd[MSG_CMD_LEN], data_g, len_g);
}
```

```
*/
if(send(sockfd, rcvLogoReqCmd, 2052, 0)==-1)
{
perror("send");
exit(1);
}

if((numbytes = recv(sockfd, buf, MSG_LEN, 0))==-1)
{
perror("recv");
exit(1);
}

#ifdef DEBUG_TRANS
printf("received upload data ack is\n");
for(i=0;  i<numbytes; i++)
printf("%x ",buf[i]);
printf("\n");
#endif

close(sockfd);
/*
if (CompareCmd(buf, sndDataAckCmd, MSG_CMD_LEN))
return buf[MSG_CMD_LEN];
else
return -1;
*/
#ifdef MULTI_THREAD
pthread_exit(NULL);
#endif
}

// 上传一帧图像函数
#ifdef MULTI_THREAD
pthread_t transLogo;
#endif
int TransLogo(char *ipaddr, int port, unsigned char *data, int len)
{
ipaddr_g = ipaddr;
port_g = port;
data_g = data;
len_g = len;
#ifdef MULTI_THREAD
pthread_create(&transLogo, NULL, (void*)&TransLogo_Handler, NULL);
#else
TransLogo_Handler(NULL);
```

```
#endif
return 1;
}

// 上传一帧 LOGO 图像函数的处理实体，放在一个临时线程中运行
void TransStop_Handler(void *arg)
{
int sockfd, numbytes;
struct hostent *he;
struct sockaddr_in their_addr;

he = gethostbyname(ipaddr_g);
if((sockfd = socket(AF_INET,SOCK_STREAM,0))==-1)
{
perror("socket");
exit(1);
}

their_addr.sin_family = AF_INET;
their_addr.sin_port = htons(port_g);
their_addr.sin_addr = *((struct in_addr *)he->h_addr);
bzero(&(their_addr.sin_zero),8);

if(connect(sockfd,(struct sockaddr *)&their_addr,
sizeof(struct sockaddr))==-1){
perror("connect");
exit(1);
}

if(send(sockfd, rcvStopReqCmd, MSG_LEN, 0)==-1)
{
perror("send");
exit(1);
}

if((numbytes = recv(sockfd, buf, MSG_LEN, 0))==-1)
{
perror("recv");
exit(1);
}

#ifdef DEBUG_TRANS
printf("received upload data ack is\n");
for(i=0;  i<numbytes; i++)
printf("%x ",buf[i]);
printf("\n");
```

```
#endif

close(sockfd);
#ifdef MULTI_THREAD
pthread_exit(NULL);
#endif
}

// 上传一帧图像函数
#ifdef MULTI_THREAD
pthread_t transStop;
#endif
int TransStop(char *ipaddr, int port)
{
ipaddr_g = ipaddr;
port_g = port;

#ifdef MULTI_THREAD
pthread_create(&transStop, NULL, (void*)&TransStop_Handler, NULL);
#else
TransStop_Handler(NULL);
#endif
return 1;
}

void chargeImage(unsigned char i)
{
switch(i)
{
case 1:
 rcvImageReqCmd[4]=0x01;
 sndImageAckCmd[4]=0x01;
 break;
case 2:
 rcvImageReqCmd[4]=0x02;
 sndImageAckCmd[4]=0x02;
 break;
case 3:
 rcvImageReqCmd[4]=0x03;
 sndImageAckCmd[4]=0x03;
 break;
case 4:
 rcvDataReqCmd[4]=0x04;
 sndDataAckCmd[4]=0x04;
 rcvImageReqCmd[4]=0x04;
 sndImageAckCmd[4]=0x04;
```

```
 break;
default:
        break;
 }
}

void SetPicture(unsigned char i)
{
    //rcvImageReqCmd[5]=i;
switch(i)
    {
        case 1:
rcvImageReqCmd[5]=0x01;
break;
  case 2:
rcvImageReqCmd[5]=0x02;
break;
  case 3:
rcvImageReqCmd[5]=0x03;
break;

  case 4:
rcvImageReqCmd[5]=0x04;
break;
  case 5:
rcvImageReqCmd[5]=0x05;
break;
  case 6:
rcvImageReqCmd[5]=0x06;
break;
  case 7:
rcvImageReqCmd[5]=0x07;
break;
  case 8:
rcvImageReqCmd[5]=0x08;
break;
  case 9:
rcvImageReqCmd[5]=0x09;
break;
    default:
    break;


    }
}
```

3）程序代码编辑、调试及运行

（1）编辑 control_car.c 主程序：

```
#vi control_car.c
```

（2）编辑 makefile 文件：

```
# vi makefile
car_control: camera.c extraio.c wf_trans.c Car_Control.c
arm-linux-gcc camera.c extraio.c wf_trans.c Car_Control.c-Wall -O2 -o
connect_test -lpthread
clean:
rm connect_test
```

（3）用 arm_linux 交叉编译程序：

```
# make
```

（4）修改编译成功的文件权限：

```
# chmod 777 control_car
```

（5）运行可执行文件：

```
# ./control_car
```

4）刻录可执行文件

通过 NFS 直接运行检测结果，在此基础上通过文件复制命令将可执行文件下载到目标板。

```
#mount -t nfs -o nolock 192.168.1.95:/home/mytech/ mnt/
```

将 IP 为 192.168.12.95 的 fedora 主机上的/home/mytech NFS 共享目录，以 NFS 共享的方式挂载到开发板的/mnt/udisk 目录下，挂载成功后可以通过 ls 命令查看挂载之后的目录。

```
#cd /mnt
#./ control_car    //在目标板上测试可执行文件
#cp control_car /etc/rc.d/init.d/    //刻录可执行文件到目标板上/etc/rc.d/
init.d目录中
```

设置开机自动运行程序：启动脚本可以设置各种程序开机后自动运行，这点有些类似于 Windows 系统中的 Autobat 自动批处理文件，启动脚本在开发板的/etc/init.d/rcS 文件中，在该文件脚本添加如下内容，程序在开机后自动运行，就像在超级终端输入命令后的结果一样，如在脚本最后一行加上 /etc/rc.d/init.d/control_car start，就会开机直接运行/etc/rc.d/init.d/control_car 目录下的 control_car 可执行文件。

3. 任务小结

本项目涉及嵌入式系统图像采集与识别、无线 WiFi 通信、嵌入式系统 Linux C 软件开发，有一定的难度和深度，学习时重在掌握方法，尤其是按电子产品功能做开发设计，如嵌入式系统 Linux C 软件开发，涉及将一个主函数 main( )C 程序，若干个模块子程序不含 main( )C 程序及.H 等系统软件集成完成要求功能，是对商业化电子产品开发设计能力的零误差对接。

拓 展 提 高

项目 3 的实现过程中采用的是 Linux C 程序开发，目前还有一种流行的 GUI 嵌入式系统——Android 开发，Android 系统是目前最流行的用于移动智能设备的操作系统。Android 系统由 Google 公司开发，Android 基于 Linux 内核，是流行的图形用户界面 GUI（Graphical User Interface）开发软件，本项目的拓展提高部分主要内容是 Android 开发技术。

Android 包括操作系统、用户界面和应用程序——移动电话工作所需的全部软件，而且不存在任何以往阻碍移动产业创新的专有权障碍。Google 与开放手机联盟合作开发了 Android，这个联盟由包括中国移动、摩托罗拉、高通、宏达和 T-Mobile 在内的 30 多家技术和无线应用的领军企业组成。与运营商、设备制造商、开发商和其他有关各方结成深层次的合作伙伴关系，希望借助建立标准化、开放式的移动电话软件平台，在移动产业内形成一个开放式的生态系统。此举必将推进更好、更快的创新，为移动用户提供不可预知的应用和服务。

Android 作为谷歌企业战略的重要组成部分，将进一步推进"随时随地为每个人提供信息"这一企业目标的实现。谷歌的目标是让（移动通信）不依赖于设备甚至平台。出于这个目的，Android 将补充，而不会替代谷歌长期以来奉行的移动发展战略：通过与全球各地的手机制造商和移动运营商结成合作伙伴，开发既有用又有吸引力的移动服务，并推广这些产品。

开放手机联盟的成立和 Android 的推出是对现状的重大改变，在带来初步效益之前，还需要不小的耐心和高昂的投入。但是，全球移动用户从中能获得的潜在利益是值得付出这些努力的。

1. Android 系统的层次架构

Android 以 Java 为编程语言，从接口到功能都有层出不穷的变化，其中 Activity 等同于 J2ME 的 MIDlet，一个 Activity 类（Class）负责创建视窗（Window），一个活动中的 Activity 就是在 foreground（前景）模式，背景运行的程序叫作 Service。两者之间通过 ServiceConnection 和 AIDL 连接，达到复数程序同时运行的效果。如果运行中的 Activity 全部画面被其他 Activity 取代，该 Activity 便被停止（Stopped），甚至被系统清除（Kill）。

View 等同于 J2ME 的 Displayable，程序人员可以通过 View 类与"XML layout"将 UI 放置在视窗上，Android 1.5 可以利用 View 打造出所谓的 Widgets，其实 Widget 只是 View 的一种，所以可以使用 xml 来设计 layout，HTC 的 Android Hero 手机即含有大量的 widget。ViewGroup 是各种 layout 的基础抽象类（abstract class），ViewGroup 之内还可以有 ViewGroup。View 的构造函数不需要在 Activity 中调用，但是 Displayable 是必需的，在 Activity 中，要通过 findViewById()来从 XML 中取得 View，Android 的 View 类的显示在很大程度上是从 XML 中读取的。View 与事件（Event）息息相关，两者之间通过 Listener 结合在一起，每一个 View 都可以注册一个 event listener。例如，当 View 要处理用户触碰（touch）的事件时，就要向 Android 框架注册 View.OnClickListener。另外，Image 等同于 J2ME 的 BitMap。

Android 系统的层次架构如图 3.18 所示。

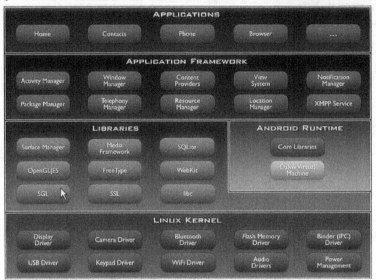

图 3.18　Android 系统的层次架构

2. Android 开发主要阶段与学习内容

1）Android 基础阶段

平台架构特性（JAVA/C），Market、应用程序组件，环境搭建与部署，打包与发布 AVD、DDMS、AAPT，调试与测试，相关资源访问、资源制作，Activity、Service、Broadcast Receiver、Content Provider、原理（生命周期）及深层实现。

2）Android 进阶初级

组件 Widget、菜单 Menu、布局 Layout 详解；XML 解析（Pull/Dom/Sax）、JNI 解析、SQL 数据库原理；SQLite、SharedPreferences、File 详解；多媒体 Audio、Video、Camera 详解。

3）Android 进阶高级

蓝牙、WiFi SMS、MMS 应用实现、深层次解析 GPS 原理，实现 LocationManager、LocationProvider，进行定位、跟踪、查找、趋近警告及 Geocoder 正逆向编解码等技术细节；2D 图形库（Graphics、View）详解，SDCARD、传感器、手势应用实现。

思考与练习题 3

3.1 选择题

（1）直接通信方式和间接通信方式共有的链接特性是（　　）。

A. 链接可以是单向的也可以是双向的　　　　B. 每对任务之间仅存在一个链接

C. 只有当任务共享一个公共邮箱时链接才建立　　D. 每对任务可以使用几个通信链接

（2）（　　）的双方不需要指出消息的来源或去向。

A. 并行通信　　　　B. 直接通信　　　　C. 间接通信　　　　D. 串行通信

（3）（　　）是用于开发嵌入式操作系统的计算机。

A. 宿主机　　　　B. 主机　　　　C. 微型机　　　　D. 目标机

3.2 问答题

（1）简述 A/D 转换的重要指标。

（2）简述 ARM SC2440 的 A/D 功能的相关寄存器，对应的地址是什么？

（3）简述常见无线通信技术。

3.3 实验题

理解嵌入式系统常见接口技术，完成任务 3-1、任务 3-2 中的操作。

项目4 开发嵌入式系统设备驱动程序

知识重点	嵌入式系统设备驱动程序开发的基本过程和设计方法
知识难点	嵌入式系统设备驱动程序的基本概念
推荐教学方式	以任务驱动为导向，演示嵌入式系统设备驱动程序开发的基本过程和设计方法，仿真月球车的测温测距避障控制
建议学时	16 学时
推荐学习方法	动手操作，做中学、学中做，实现从不会到会、从生手到熟手的转变
必须掌握的理论知识	嵌入式系统的基本概念、组成及应用领域，构建嵌入式系统 Linux 开发环境的流程和方法
必须掌握的技能	嵌入式系统设备驱动程序开发的基本过程和设计方法、内核的裁剪和移植的原理与流程

本项目以仿真月球车的测温测距避障控制为目标，通过学习 ARM 嵌入式微处理器与接口知识，在嵌入式系统的集成开发环境中采用基于 Linux 的应用程序设计方法设计设备驱动程序，并在 ARM 板内刻录开发的可执行文件实现仿真月球车的测温测距避障控制。

项目要求：

（1）了解 Linux 下进行设备驱动设计的原理；

（2）掌握 Linux 设备驱动程序开发的基本过程和设计方法；

（3）掌握嵌入式系统中典型传感器的应用；

（4）了解内核的裁剪和移植的原理和流程。

4.1　仿真月球车测温控制原理

1. 红外测温技术的发展

1800 年，赫胥尔首先发现了红外辐射，经过几代科学家 100 多年的探索、实验与研究，总结出了正确的辐射定律，为成功地研制红外辐射测温仪奠定了理论基础。20 世纪 60 年代以后，由于各种高灵敏度红外探测器、干涉滤光片及数字信号处理技术的发展，大大促进了红外技术应用的进程。近几十年来，比色测温仪、光纤测温仪、扫描测温仪等满足各种需要的红外测温仪相继出现并不断改进，使红外技术的研究与应用有了新的飞跃。虽然红外测温技术问世的时间并不很长，但是它安全、可靠、非接触、快速、准确、方便、寿命长等不可替代的优势，已被越来越多的企业与厂家所认识和接受，在冶金、石化、电力、交通、水泥、橡胶等行业得到了广泛的应用，成为企业故障检测、产品质量控制和提高经济效益的重要手段。

红外线传感器是利用红外线的物理性质来进行测量的传感器。红外线又称红外光，它具有反射、折射、散射、干涉、吸收等性质。任何物质，只要它本身具有一定的温度（高于热力学零度）就能辐射红外线。红外线传感器测量时不与被测物体直接接触，因而不存在摩擦，并且有灵敏度高、响应快等优点。

红外线传感器包括光学系统、检测元件和转换电路。光学系统按结构不同可分为透射式和反射式两类。检测元件按工作原理不同可分为热敏检测元件和光电检测元件。热敏元件应用最多的是热敏电阻。热敏电阻受到红外线辐射时温度升高，电阻发生变化，通过转换电路变成电信号输出。光电检测元件常用的是光敏元件，通常由硫化铅、硒化铅、砷化铟、砷化锑、碲镉汞三元合金、锗及硅掺杂等材料制成。

红外线传感器常用于无接触温度测量、气体成分分析和无损探伤，在医学、军事、空间技术和环境工程等领域得到了广泛应用。例如，采用红外线传感器远距离测量人体表面温度的热像图，可以发现温度异常的部位，及时对疾病进行诊断治疗（见热像仪）；利用人造卫星上的红外线传感器对地球云层进行监视，可实现大范围的天气预报；采用红外线传感器可检测飞机上正在运行的发动机过热情况等。

2. 红外测温技术分类

红外测温技术分为接触式和非接触式两大类。

接触式测温：测温元件直接与被测对象接触，两者之间进行充分的热交换并达到热平衡，这时感温元件的某一物理参数的量值就代表被测对象的温度值。优点：直观可靠。缺点：感温元件影响被测温度场的分布；接触不良等带来测量误差；高温和腐蚀性介质影响感温元件的性能和寿命。

非接触式测温：感温元件不与被测对象接触，而通过热辐射进行热交换；具有较高的测温上限；热惯性小，可达千分之一秒，故便于测量运动物体的温度和快速变化的温度。

常见红外温度传感器如图 4.1 所示。

图 4.1　常见红外温度传感器

4.2　仿真月球车测距控制原理

红外测距技术：利用的是红外线传播时的不扩散原理，因为红外线在穿越其他物质时折射率很小，所以长距离的测距仪都会考虑红外线，而红外线的传播是需要时间的，红外线从测距仪发出碰到反射物被反射回来被测距仪接收到，再根据红外线从发出到被接收到的时间及红外线的传播速度就可以算出距离。

利用高频调制的红外线在待测距离上往返产生的相位移可推算出光束渡越时间 Δt，从而根据 $D = C\Delta t/2$ 得到距离 D。

常见集成红外测距传感器如图 4.2 所示。

图 4.2　常见集成红外测距传感器

4.3　设备驱动程序设计

设备驱动程序将复杂的硬件抽象成一个结构良好的设备，并通过提供统一的程序接口为系统的其他部分提供使用设备的能力和方法。设备驱动程序为系统的其他部分提供各种使用设备的能力，使用设备的方法应该由应用程序决定。

4.3.1　Linux 下设备驱动程序

1. Linux 下设备驱动程序的特点

Linux 下对外设的访问只能通过驱动程序进行，Linux 对于驱动程序有统一的接口，以文件的形式定义系统的驱动程序：

```
Open、Release、read、write、ioctl…
```

驱动程序是内核的一部分，可以使用中断、DMA 等操作，驱动程序需要在用户态和内核态之间传递数据。

驱动程序与应用程序的区别：应用程序以 main 函数开始，驱动程序则没用 main 函数。它以特殊的模块初始化函数为入口。应用程序从头至尾执行一个任务，驱动程序在完成初始化后，等待系统调用。应用程序可以使用 GLIBC 等标准 C 函数库，驱动程序不能使用标准 C 函数库。

2. 设备驱动程序的分类

字符设备驱动程序，如各种串行接口、并行接口等。块设备驱动程序，如磁盘设备等。网络设备驱动程序，如网卡等。杂项设备驱动程序，不属于上述三种设备之外的一些设备，如 SCSI、时钟等。

3. 驱动程序在操作系统中的位置

设备驱动程序是内核代码的一部分。驱动程序的地址空间是内核的地址空间。驱动程序的代码直接对设备硬件（实际是设备的各种寄存器）进行控制（实际就是读/写操作）。应用程序通过操作系统的系统调用执行相应的驱动程序函数。中断则直接执行相应的中断程序代码。设备驱动程序的 file_operations 结构体的地址被注册到内核中的设备链表中。

块设备和字符设备以设备文件的方式建立在文件系统中的/dev 目录下，而且每个设备都有一个主设备号和一个次设备号。

主设备号标识设备对应的驱动程序，一个驱动程序可以控制若干个设备，次设备号提供了一种区分它们的方法，系统增加一个驱动程序就要赋予它一个主设备号。这一赋值过程在驱动程序的初始化过程中实现：

```
     int register_chrdev(unsigned int major, const char*name,struct file_
operations *fops);
```

在/dev 目录下使用 ll 命令（ls　-l）可以查看各个设备的设备类型、主从设备号等，如图 4.3 所示。

图 4.3 设备的设备类型、主从设备号

创建设备节点：设备已经注册到内核表中，访问通过设备文件对于设备（设备文件与设备驱动程序的主设备号匹配），内核会调用驱动程序中的正确函数给程序一个它们可以请求设备驱动程序的名字。这个名字必须插入到/dev 目录中，并与驱动程序的主设备号和次设备号相连，使用 mknod 在文件系统上创建一个设备节点，如图 4.4 所示。

使用mknod命令建立设备文件。

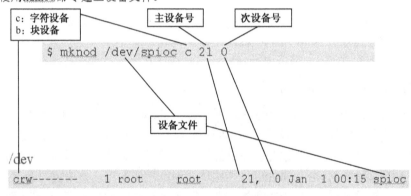

图 4.4 创建一个设备节点

4.3.2 设备驱动程序接口及使用方法

1. 设备驱动程序的接口

file_operations 结构体主要包括：open、close（或 release）、read、write、ioctl、poll、mmap 等，结构体 spioc_fops 将作为一个参数在注册一个设备驱动程序时传递给内核。内核使用设备链表维护各种注册的设备。不同类型的设备使用不同的链表。struct file_operations demo_fops = {…}用于将驱动函数映射为标准接口。

例如：

```
static struct file_operations demo_fops = {
owner:THIS_MODULE,
write:demo_write,
read:demo_read,
ioctl:demo_ioctl,
open:demo_open,
release:demo_release,
};
```

2. 设备驱动程序的使用方法

应用层使用 open、close、read、write 系统调用——需要编写应用程序，如图 4.5 所示。

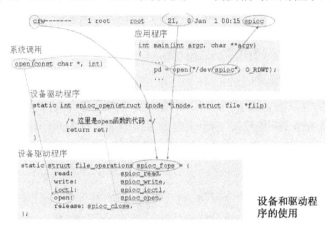

图 4.5　设备驱动程序的使用方法

4.4　Bootloader 裁剪及移植

4.4.1　Bootloader 的概念与工作模式

1. Bootloader 的概念

Bootloader 就是在操作系统内核运行之前运行的一段小程序。通过这段小程序，可以初始化硬件设备、建立内存空间的映射图，从而将系统的软/硬件环境带到一个合适的状态，以便为最终调用操作系统内核准备好正确的环境。通常，Bootloader 是紧密依赖于硬件而实现的，特别是在嵌入式世界。因此，在嵌入式世界里建立一个通用的 Bootloader 几乎是不可能的。尽管如此，仍然可以对 Bootloader 归纳出一些通用的概念来，以指导用户特定的 Bootloader 设计与实现。

Bootloader 是一段可执行程序，完成的主要功能是将可执行文件（一般是操作系统）搬移到内存中，然后将控制权交给这段可执行文件（操作系统），如图 4.6 所示。

2. Bootloader 的工作模式

下载模式：对于研发人员来说，Bootloader 一般需要工作在这种模式下，特别是调试内核或 Bootloader 本身的时候。通过串口终端与 Bootloader 进行交互，可以操作系统硬件。例如通过网口或串口下载内核、刻录 Flash 等。

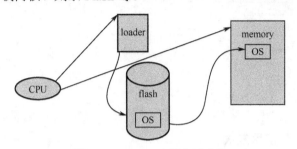

图 4.6　Bootloader 的主要功能

启动加载模式：嵌入式产品发布的时候，Bootloader 必须工作在该模式下。这种情况下，Bootloader 必须完成硬件自检、配置，并从 Flash 中将内核复制到 SDRAM 中，并跳转到内核入口，实现自启动，而不需要人为干预。

3. Bootloader 的安装媒介

系统上电时或复位以后，都从芯片厂商预先安排的一个地址处取第一条指令执行（对于 S3C2410 芯片，从 0x0 处开始）。由于上电或复位需要运行的第一段程序就是 Bootloader，故必须把 Bootloader 放入该地址。将 Bootloader 写入固态存储设备，永久保存，系统上电后将自动执行 Bootloader。

4. Bootloader 的刻录

Bootloader 可以配置系统。没有 Bootloader，系统就不能启动。Bootloader 可以实现自刻录。但是系统中没有 Bootloader 的时候怎么启动呢？此时需要 JTAG。

典型的 Flash 存储空间分配图如图 4.7 所示。

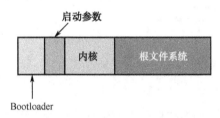

图 4.7　典型的 Flash 存储空间分配图

4.4.2　U-Boot 的结构与使用

嵌入式系统中常见的 Bootloader 有 Vivi、Blob、Redboot、U-Boot（armboot、ppcboot 整合）。U-Boot 较为常用，1999 年由德国 DENX 软件工程中心的 Wolfgang Denk 发起，全称 Universal Bootloader。

1. U-Boot 的特点

（1）支持多种硬件构架，包括 ARM、x86、PPC、MIPS、m68k、NIOS、Blackfin。

（2）支持多种操作系统，包括 Linux、VxWorks、NETBSD、QNX、RTEMS、ARTOS、LynxOS。

（3）支持多达 216 种以上的开发板。

（4）开放源代码，遵循 GPL 条款。

（5）易于移植、调试。

官方网站：http://www.denx.de/wiki/U-Boot/WebHome。

2. U-Boot 的目录结构

（1）board：目标板相关文件，主要包含硬件初始化文件、SDRAM 初始化文件。

（2）common：独立于处理器体系结构的通用代码。

（3）cpu：与处理器相关的文件，包含 cpu 初始化、串口初始化、中断初始化等代码。

（4）docU-Boot 的说明文档。

（5）drivers：设备驱动代码，如 Flash 驱动、网卡驱动、串口驱动等。

（6）fs：U-Boot 支持的文件系统的实现，如 cramfs、fat、ext2、jffs2 等。

（7）include：U-Boot 使用的头文件，包括不同硬件构架的头文件。

（8）lib_xxx：处理器相关文件，如要使用的 lib_arm、与 arm 体系结构相关的文件。

（9）net：网络功能的上层文件，实现各种协议，如 nfs、tftp、arp 等。

3. U-Boot 启动流程

和大多数 Bootloader 一样，U-BOOT 的启动分为两个阶段。

（1）第一阶段：依赖于 CPU 体系结构的代码，主要用汇编来实现。

第一阶段的代码位于 cpu/arm920t/start.S 中，依次完成以下功能：

① 系统上电，进入 svc 模式；

② 关闭看门狗，禁止所有中断；

③ 进行初级硬件初始化；

④ 将自身代码复制到 SDRAM 中；

⑤ 设置堆栈；

⑥ 清空 bss 段；

⑦ 跳转到 C 语言实现的 stage2 中。

从 NAND Flash 启动：经典 2410 试验箱不带 NOR Flash，只能从 NAND Flash 中启动。由硬件实现选择从 NAND 启动。系统上电或复位时 NAND Flash 控制器自动将 NAND Flash 的前 4 KB 复制到一段内置 RAM 中，并将这段 RAM 映射到 0x00000000 地址处。

（2）第二阶段：通常用 C 语言来实现，这样可以实现复杂的功能，而且具有更好的可读性和可移植性。

start_armboot 函数是 C 语言的入口函数，定义在 lib_arm/board.c 中。

首先，初始化全局变量 global_data：

```
gd= (gd_t*)(_armboot_start-CFG_MALLOC_LEN -sizeof(gd_t));
memset((void*)gd, 0, sizeof(gd_t));
gd->bd= (bd_t*)((char*)gd-sizeof(bd_t));
memset(gd->bd, 0, sizeof(bd_t));
```

gd 是全局变量的一个指针，始终保存在 r8 中。

global_data 的成员大多是开发板的基本设置，如串口波特率、设备序列号、mac 地址、启动参数存储地址等。

调用初始化序列：

```
init_fnc_t*init_sequence[] = {
board_init,         //board/up2410/up2410.c 中实现，主要更新 GPIO 和 PLL 设置
                    //还包括内核启动参数存放地址设置、ARCH_NUMBER 设置。
interrupt_init,     //在 cpu/arm920t/s3c24x0/interrupts.c 实现，初始化时钟中断
env_init,           //在 common/env_nand.c 中实现，设置默认环境变量。
init_baudrate,      //在 lib_arm/board.c 中实现，设置环境变量中的串口波特率。
serial_init,        //在 common/serial.c 中实现，初始化串口（硬件层面）。
display_banner,     //在 lib_arm/board.c 中实现，打印 U-Boot 的 banner
dram_init,          //在 board/up2410/up2410.c 中实现，初始化 SDRAM
NULL,
};
```

进入无限循环：

```
for (;;) {
main_loop();
}
```

main_loop 在 common/main.c 中实现。它通过串口和 U-Boot 进行交互，以便引导内核或进行其他参数的修改、设置。

4. U-BOOT 的编译

（1）配置 U-BOOT：make xxx_config，xxx 为具体开发板硬件名称。

（2）编译：make all，生成 u-boot.bin 二进制文件。

5. U-Boot 的使用

（1）printenv 打印环境变量。打印 U-Boot 的环境变量，包括串口波特率、IP 地址、mac 地址、内核启动参数、服务器 IP 地址等。

（2）setenv 设置环境变量。对环境变量的值进行设置，保存在 SDRAM 中，但不写入 Flash。这样系统断电以后设置的环境变量就不存在了。

（3）saveenv 保存环境变量。将环境变量写入 Flash，永久保存。断电以后不消失。

（4）ping 测试网络命令。ping 命令用于测试目标板的网络是否通畅。格式：

```
ping + ipaddr
```

（5）tftp 通过 tftp 协议下载文件至 SDRAM。将 tftp 服务器上的文件下载到指定的地址，速度快。格式：

```
tftp+存放地址+文件名
```

（6）loadb 通过串口下载二进制文件。在目标板不具备网络功能的时候，可以配合超级终端下载二进制文件至内存中。缺点是速度慢。格式：

```
loadb+存放地址
```

（7）bootm 引导内核。先将内核下载到 SDRAM 中（通过 tftp 命令或者 loadb 命令），然后执行 bootm 命令引导内核。格式：

```
bootm+内核地址
```

（8）help 或者"？"。查看 U-Boot 支持的命令及其作用。

内核镜像的制作：

```
Mkimage-A arm -T kernel -C none -O linux-a 0x30008000 -e 0x30008040 -d zImage-n 'linux-2.6.24' uImage
```

① A arm：目标平台是 ARM 构架的-T kernel 要处理的是内核。

② C none：不采用任何压缩方式-O linux 要处理的 Linux 内核。

③ a 0x30008000：加载地址，包括 mkimage 工具给内核添加的头信息。

④ e 0x30008040：真正的内核入口地址，除掉 mkimage 添加的 0x40 长度的头信息。

⑤ d zImage：使用的源文件是编译 Linux 内核得到的 zImage。

⑥ n 'linux-2.6.24'：生成的内核镜像的名字。

⑦ uImage：生成的供 U-Boot 启动的二进制内核镜像。

下面介绍用 U-Boot 启动 Linux 内核。

经典 2410 开发板 SDRAM 空间分布如图 4.8 所示。

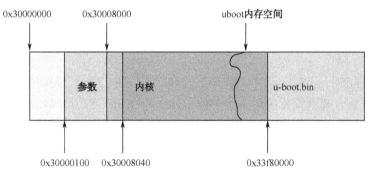

图 4.8　经典 2410 开发板 SDRAM 空间分布

（1）下载 u-boot.bin 到 SDRAM 的 0x30008000 处。

```
tftp 0x30008000 uImage
```

（2）从 SDRAM 启动内核。

```
bootm 0x30008000
```

发布产品时，通常需要把 NAND FLASH 中保存的内核复制到 SDRAM 中，再从 SDRAM 中启动内核。该复制和启动内核的工作都由 U-BOOT 完成。

175

4.5 Linux 内核移植

4.5.1 Linux 内核

1. Linux 版本

Linux 的版本分为两类：内核版本和发行版本。内核是系统的心脏，是运行程序、管理像磁盘和打印机等硬件设备的核心程序，它提供了一个裸设备与应用程序间的抽象层。Linux 内核的版本号是有一定规则的，即"主版本.次版本号.修正号"。主版本号和次版本号一起标志着重要的功能变动，修正号表示较小的功能变更。次版本号的意义在于表示该版本是否为稳定版。若次版本号为偶数则表示该内核是一个稳定版，可以放心使用；若次版本号为奇数则表示该内核是一个测试版，可能存在 BUG。Linux 内核的版本号 2.6.24，其中，2 是主版本号，6 是次版本号，24 是修订版本号。

2. Linux 内核源代码目录结构

Linux 内核源代码目录结构主要包括如下内容。

arch 包含和硬件体系结构相关的代码，每种平台占一个相应的目录，如 arm、avr32、blackfin、mips 等。

block 块设备驱动程序的 I/O 调度。

crypto 常用的加密和离散算法，还有一些压缩和 CRC 校验算法。

Documentation 内核的说明文档。

drivers 设备驱动程序，其下细分为不同种类的设备，如 block、char、mtd、net、usb、video 等。

fs 内核支持的文件系统的实现，如 ext2、ext3、cramfs、jffs2、nfs 等。

include 头文件。与系统相关的头文件放在 include/linux 下，与 ARM 体系结构相关的头文件放在 include/asm-arm 下。

init 内核初始化代码。

ipc 进程间通信代码。

kernel 内核的核心代码，包括进程调度、定时器等。和 arm 平台相关的核心代码在 arch/arm/kernel 目录下。

lib 库文件代码如下。

mm 内存管理代码，和 arm 平台相关的内核管理代码在 arch/arm/mm 目录下。

net 网络相关的代码，实现了各种常见的网络协议。

scripts 包含用于配置内核的各种脚本文件，只在配置时是有意义的。

sound 音频设备驱动的通用代码和硬件驱动代码都在这个文件下面。

Linux 内核启动方案如下。

Linux 内核有两种映像：非压缩内核 Image、压缩内核 zImage。

嵌入式系统存储容量有限，因此通常选择压缩内核 zImage。要使用压缩内核 zImage，需要在映像开头加入解压缩代码，将 zImage 解压后，才可以执行。

内核编译完成后，会在 arch/arm/boot 目录下生成 zImage 文件。

zImage 文件的组成如下。

pggy.o：压缩后的内核文件；

head.o：系统初级初始化代码文件；

misc.o：解压缩代码文件。

4.5.2　Linux 内核启动简析

1. Linux 内核启动汇编部分简析

对于 ARM 处理器来讲，Linux 内核 zImage 第一段代码入口位于 arch/arm/boot/compressed/head.S 文件中。它依次完成如下功能：初始化 Cache、Mmu 等设置，跳转到 C 语言内核解压函数中，bl decompress_kernel 跳转到非压缩内核，启动汇编段 b call_kernel。

```
arch/arm/boot/compressed/head.
S:start:··························
mov r7, r1 @保存 machine id
mov r8, r2 @保存参数地址
··································
mrs r2, cpsr @确定不是在 USER 模式下
tst r2, #3
bne not_angel
··································
not_angel:mrs r2, cpsr @强制转换到 SVC 模式
orr r2, r2, #0xc0
msr cpsr_c, r2
Bss 段清零：
not_relocated: mov r0, #0
str r0, [r2], #4 @R2, BSS 开始
str r0, [r2], #4s
tr r0, [r2], #4
str r0, [r2], #4
cmp r2, r3 @R3, BSS 结束
blo 1b
```

跳转到 C 语言实现的解压内核代码：

```
··································
mov r5, r2 @ decompress after alloc space
mov r0, r5
mov r3, r7
bl decompress_kernel
```

实现代码在 arch/arm/boot/compressed/misc.c 中。

解压代码：

```
ulg decompress_kernel(ulg output_start, ulg free_mem_ptr_p, ulgfree_
```

```
mem_ptr_end_p, int arch_id)
    {
    output_data = (uch *)output_start;
    free_mem_ptr = free_mem_ptr_p;
    free_mem_ptr_end = free_mem_ptr_end_p;
    __machine_arch_type = arch_id;
    arch_decomp_setup();
    makecrc();
    putstr("Uncompressing Linux...");
    gunzip();
    putstr(" done, booting the kernel.\n")
    return output_ptr;
    }
```

返回后跳转到 call_kernel(b call_kernel)函数，调用内核解压后函数入口：

```
call_kernel:
bl cache_clean_flush @清除 cache
bl cache_off @关闭 cache
mov r0, #0
mov r1, r7 @machine ID
mov r2, r8 @参数地址
mov pc, r4@r4 存放内核解压后地址
    跳转到 arch/arm/kernel/head.S 中。
......
```

2. Linux 内核启动 C 语言部分简析

C 语言入口在 init/main.c 中：

```
asmlinkage void __init start_kernel(void)
{
................................e
arly_boot_irqs_off();
page_address_init();
printk(KERN_NOTICE);
printk(linux_banner);
setup_command_line(command_line);
printk(KERN_NOTICE "Kernel command line: %s\n",boot_command_line);
init_IRQ();
mem_init();
rest_init();
}
```

4.5.3 Linux 内核移植

1. Linux 内核配置

.config 文件是 Linux 编译时所依赖的文件。在配置内核时所做的任何修改最终都会在这个文件中体现出来。它是 Makefile 对内核进行处理的重要依据。一般来说，内核提供了芯

片公司 demo 板的.config 文件，一般找一个近似的文件进行修改，如在 S3C2410 平台上可以选择 s3c2410_deconfig 这个文件。

Linux 内核配置包括三种配置方式：

（1）make config：基于文本对话的配置方式，比较细致，但是浪费时间，对专业的内核开发人员比较合适；

（2）make xconfig：基于图形界面的配置方式，非常直观，但是需要特殊的软件支持，一般不推荐；

（3）make menuconfig：推荐的内核配置方式，采用目录的方式，直观、容易使用。

关于 Kconfig 在进行 make menuconfig 时，目录的生成依赖于 Kconfig 文件。一般来说，每个源代码目录下都有一个 Kconfig 文件。

```
config DM9000
tristate "DM9000 support"
depends on ARM || BLACKFIN || MIPSselect CRC32
select MII---help---Support for DM9000 chipset.
To compile this driver as a module, choose M here.
The module will be called dm9000.
Kconfig 对.config 文件的影响：
……………………………………………………
CONFIG_DM9000=y
……………………………………………………
```

make menuconfig 对内核配置所做的修改最终反映在.config 文件中。如上所示，在.config 文件中 CONFIG_DM9000=y 被定义为 y。

Kconfig 对 Makefile 的影响：

```
……………………………………………………………
..obj-$(CONFIG_DM9000) += dm9000.o
……………………………………………………………
…
```

CONFIG_DM9000 是 tristate 类型，有三个可能的取值。y：编译进内核；m：编译成模块；n：不进行编译。若是 bool 类型，则只有两种可能，y 或 n。

Makefile：Linux 内核源码的每个目录下都有一个 Makefile，由该 Makefile 对源代码的编译、链接等操作进行控制。编译完成后，每个源代码目录下都会生成一个名叫 built-in.o 的文件。这个文件由源代码目录下的所有源文件编译后的目标文件链接而成；而不同的 built-in.o 又被上层目录中的 Makefile 链接成更大的 builtin.o，直到最后链接成一个内核 vmlinux.o。

2. Linux 内核移植

以 s3c2410 为例，Linux 内核移植一般包括如下过程。

1）交叉编译

关于交叉编译，由于目标平台是 ARM，因在 x86 平台上进行开发，故必须进行交叉编译。修改内核的顶层 Makefile：

```
..ARCH ?= armCROSS_COMPILE ?= arm-linux-
```

表示目标平台是 ARM 构架的，而使用的交叉编译器的前缀是 arm-linux。

2）修改.config

获得.config 文件，.config 是内核编译时所依赖的重要文件，与具体的硬件构架和开发板类型相关。

选择内核提供的 s3c2410_defconfig 进行修改。

```
cparch/arm/configs/s3c2410_defconfig .config
```

3）demo 板选择

选择相近的 demo 板。三星公司针对 s3c2410 芯片推出了 smdk2410 demo 板，Linux 内核对该开发板的支持非常完善。为了移植方便，并最大可能地实现代码重用，选择该开发板作为原始目标板，在它的基础上进行必要的修改。在 include/asm-arm/mach-types.h 中 #define MACH_TYPE_SMDK2410 193 与 Bootloader 中使用的 machine ID 是一致的。

4）NAND 驱动

经典 2410 平台上配置一片 K9F1208U NAND Flash，容量大小为 64 MB。为了使内核能正常使用 NAND Flash，需要在内核中正确地配置 NAND Flash 驱动支持。

5）LCD 驱动

经典 2410 平台上配置了一个 640*480 的 lcd，需要在内核中对 LCD 进行正确的配置才能使用 LCD。配置 LCD 需要涉及 2410 的 lcd 控制器、IO 引脚功能配置，根据 LCD 的具体参数对 lcd 控制器进行配置。

6）网卡驱动

经典 2410 平台上配置了 DM9000A 网卡，地址范围是 0x10000000～0x10000200，中断使用 EINT2。Linux 内核中实现了网卡的驱动程序，但是需要进行一些必要的配置。

7）添加 Yaffs 文件系统支持

yaffs 文件系统是专门为 NAND Flash 设计的。yaffs 文件系统上的文件以固定大小的块进行分割存储（512 B）。每个数据块包含一个块头，存储在相应的 16 B 的备用空间上。当文件系统被挂载时，只需要读出块头的信息，这样大大提高了文件系统的访问速度。但是增大了内存消耗。

8）内核编译

运行 make、make zImage 等命令可以编译内核。编译完成后，在 arch/arm/boot 目录下生成 zImage 文件，就是压缩格式的内核。zImage 经 mkimage 工具处理后，生成 uImage，可供 uboot 引导，以启动内核。

9）内核镜像的制作

mkimage A arm T kernel C none O linux a 0x30008000－－－－－e 0x30008040－dzImage－n'linux-2.6.24'uImage-A arm，目标平台是 ARM 构架的。

-T kernel：要处理的是内核。

-C none：不采用任何压缩方式。

-O linux：要处理的 Linux 内核。

-a 0x30008000：加载地址，包括 mkimage 工具给内核添加的头信息。

-e 0x30008040：真正的内核入口地址，不包括添加的 0x40 长度的头信息。

-d zImage：使用的源文件是编译 Linux 内核得到的。

zImage-n'linux-2.6.24'：生成的内核镜像的名字。

uImage：生成的供 U-Boot 启动的二进制内核镜像。

用 U-Boot 启动 Linux 内核的方法：下载 u-boot.bin 到 SDRAM 的 0x30008000 处 tftp 0x30008000 uImage；从内存启动内核 bootm 0x30008000。

4.6 Linux 根文件系统移植

Linux 内核在系统启动期间进行的最后操作之一就是安装根文件系统。根文件系统一直是所有类 UNIX 系统不可或缺的组件。

1. Linux 根文件系统的基本结构

Linux 根文件系统的基本结构如下：

① bin：必要的用户命令（二进制文件）；

② *boot：引导加载程序使用的静态文件；

③ dev：设备文件及其他特殊文件；

④ etc：系统配置文件；

⑤ *home：用户主目录；

⑥ lib：必要的链接库，如 C 链接库、内核模块；

⑦ mnt：临时挂载的文件系统的挂载点；

⑧ "*"：目录在嵌入式 Linux 上为可选的；

⑨ *opt：附加软件的安装目录；

⑩ proc：提供内核和进程信息的 proc 文件系统；

⑪ *root root：用户主目录；

⑫ sbin：必要的系统管理员命令；

⑬ tmp：临时文件目录；

⑭ usr：大多数用户使用的应用程序和文件目录；

⑮ var：监控程序和工具程序存放的可变数据。

2. 根文件系统中文件类型

一个基本的 Linux 根文件系统中应包括如下的文件：链接库、设备文件、系统应用程序、系统初始化文件。

1）链接库

这里讨论 Glibc。Glibc 链接库位于${TARGET_ROOTFS}/lib 目录下，其中包括如下项目。

（1）实际的共享链接库：libLIBRARY_NAME-GLIBC_VERSION.so。

（2）主修订版本的符号链接：libLIBRARY_NAME.so.MAJOR_REVISION_VERSION。

（3）与版本无关的符号链接指向主修订版本的符号链接：libLIBRARY_NAME.so。

（4）静态链接库：libLIBRARY_NAME.a。

只需将实际的共享链接库和主修订版本的符号链接的文件置入目标板的根文件系统即可。还需要复制动态链接器及其符号链接：Ld-GLIBC_VERSION.so。

链接库例子如图 4.9 所示。

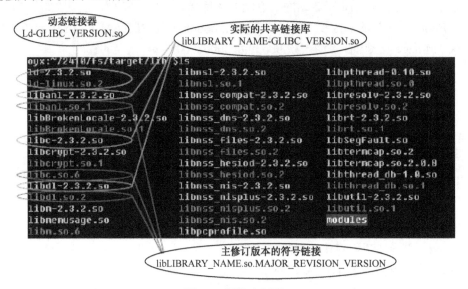

图 4.9　链接库例子

Glibc 的链接库组件主要包括如下几项。

（1）ld：动态链接器。

（2）libBrokenLocale：修正进程，让 locale 特性有问题的应用程序得以正常执行。

（3）libSegFault：用来捕捉内存区段错误及进行回溯的进程。

（4）libanl：异步名称查询进程。

（5）libc：主 C 链接库。

（6）libcrypt：密码学库，许多涉及认证的应用程序会用到。

（7）libdl：用来动态加载共享库，使用了 dlopen()之类的函数会用到。

（8）libm：数学库。

（9）libresolv：域名解析库。

（10）libpthread：Linux 的 Posix 1003.1c 多线程库。

（11）libpthread_db：多线程调试库。

（12）libutil：登录管理库。

2）设备文件

在 Linux 根文件系统中，所有设备文件（设备节点）都放在/dev 目录下。对嵌入式系统来说，目标板的/dev 目录并不需要像一般的 Linux 工作站那样填入太多内容，只需建立使系统能正常工作的必要条目即可。

建立/dev 条目，建立/dev 条目的方法有 3 种：手动建立/dev 条目、使用 devfs 自动建立/dev 条目、使用 udev 自动建立/dev 条目。

手动建立/dev 条目，基本上要使用 mknod 命令来建立每个条目。例如：

```
#cd ${TARGET_ROOTFS}/dev
#mknod - m 600 mem c 1 1
#mknod - m 666 null c 1 3
#mknod - m 666 zero c 1 5
#mknod - m 644 random c 1 5
⋮
```

使用 devfs 自动建立/dev 条目，如果系统支持 devfs，则可以在内核配置的时候添加上 devfs 支持。这样 Linux 系统启动后，内核就会在/dev 目录下自动建立/dev 条目，如图 4.10 所示。

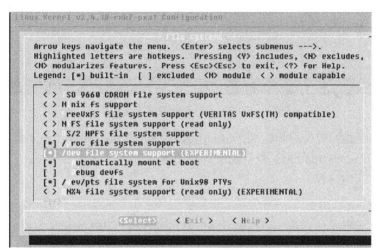

图 4.10 使用 udev 自动建立/dev 条目

使用 udev 自动建立/dev 条目.udev：一般用于 linux2.6.13 或更高版本的内核上，在用户空间自动建立/dev 条目。通过在 sysfs 的/class/ 和/block/目录树中查找一个名称为 dev 的文件，以确定所创建的设备节点文件的主次设备号。所以要使用 udev，驱动必须为设备在 sysfs 中创建类接口及其 dev 属性文件。

使用 udev 时，在内核配置时添加上 sysfs 及 tmpfs 支持。下载 udev 软件包，交叉编译，然后复制到目标根文件系统中，最后配置好 udev 规则即可。

3）系统应用程序

Linux 继承了 UNIX 极为丰富的命令集，标准的工作站或服务器发行套件都配备了数以千计的命令文件，逐一交叉编译这么多二进制文件是很花时间和精力的，而且嵌入式系统也基本不需要这么多二进制文件。在嵌入式系统上，只需要将命令集浓缩成实现必要功能的极少数应用程序即可。

使用 Busybox 生成工具集，很小的应用程序提供完整的工具集的功能，如 Init 进程、Shell、文件系统、网络系统等的工具集。Busybox 生成工具集网站为 http://www.busybox.net/。

Busybox 的配置和交叉编译，在 http://www.busybox.net/downloads/ 中下载 Busybox：busybox-1.1.0.tar.bz2，解压后，进入配置菜单：make menuconfig，如图 4.11 所示。

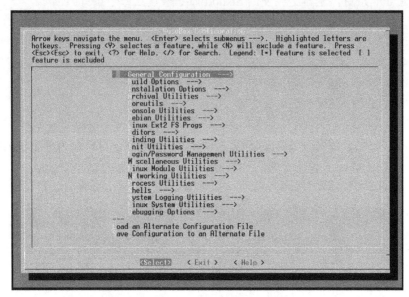

图 4.11　Busybox 的配置和交叉编译

Busybox 的配置和交叉编译。选择 Busybox 的编译方式：Build Options、Build BusyBox as a static binary（no shared libs）默认配置为使用链接库。

（1）配置交叉编译器：

```
Build Options
[*] Do you want to build BusyBox with a Cross Compiler?
(/usr/local/arm/3.4.1/bin/arm-linux-) Cross Compiler prefix
```

安装路径：

```
□Installation Options
(./_install) BusyBox installation prefix
```

（2）配置其他工具集：

□Archival Utilities；

□Coreutils；

□Console Utilities；

□Debian Utilitie；

□Editors；

□Finding Utilities；

□Init Utilities；

□Login/Password Management Utilities；

□Miscellaneous Utilities；

□Linux Module Utilities；

□Networking Utilities；

□Process Utilities；

□Shells；

□System Logging Utilities；

□Linux System Utilities；

（3）编译 Busybox：

```
#make dep
#make
#make install
```

（4）编译生成的目录结构（_install 目录下）：

```
/bin
/linuxrc
/sbin
/usr
/usr/bin
/usr/sbin
```

（5）把系统应用程序加入根文件系统：

```
#cd _install/
#ls
bin linuxrc sbin usr
#cp - arf * ${TARGET_ROOTFS}/
```

4）系统初始化

内核最后一个初始化动作就是启动 init 程序。init 程序在终结系统启动程序前会衍生各种应用程序并启动若干关键程序。大多数 Linux 系统使用的 init 与 System V 的 init 相仿，配置方式也相似。要使用目标板上的 init，需要加入适当的/etc/inittab 文件，以及在/etc/rc.d 目录中填入适当的文件。/etc/inittab 将会为系统定义运行级别，/etc/rc.d 目录中的文件则用来定义每个运行级别将会执行哪些服务。

BusyBox 也提供 init 程序，如同主流 init，BusyBox 也可以处理系统启动工作。BusyBox 的 init 比较适合嵌入式系统，但是有的系统可能不适合，如它并不提供运行级别支持。

BusyBox 的 init 进程会依次进行以下工作：

（1）为 init 设置信号处理进程；

（2）初始化控制台；

（3）剖析 inittab 文件、/etc/inittab 文件；

（4）执行系统初始化命令行，默认/etc/init.d/rcS；

（5）执行所有会导致 init 暂停的 inittab 命令（wait 段）；

（6）执行所有仅执行一次的 inittab 命令（once 段）；

（7）循环执行以下工作，执行所有终止时必须重新启动的 inittab 命令（respawn 段），执行所有终止时必须重新启动但启动前必须先询问用户的 inittab 命令（askfirst 段）。

① 系统初始化相关文件例子：/etc/init.d/rcS 默认的 sysinit 脚本：

```
[/etc]cat init.d/rcS
#!/bin/sh
/bin/mount -a
/bin/mount -n -t ramfs ramfs /var
/bin/mount -n -t ramfs ramfs /root
/bin/mkdir /var/tmp
/bin/mkdir /var/modules
/bin/mkdir /var/run
/bin/mkdir /var/log
exec /usr/etc/rc.local
```

② 系统初始化相关文件例子：挂载文件系统的配置文件/etc/fstab：

```
[/etc]cat fstab
none /procprocdefaults 0 0
none /dev/ptsdevptsmode=0622 0 0
tmpfs /dev/shmtmpfsdefaults 0 0
/dev/mtdblock/1/mnt/yaffsyaffsdefaults 1 1
/dev/scsi/host0/bus0/target0/lun0/part1 /mnt/udisk vfat noauto,codepage=
936,iocharset=cp936 0 0
/dev/ide/host0/bus0/target0/lun0/part1 /mnt/hdap1 vfat noauto,codepage=
936,iocharset=cp936 0 0
```

说明：<file system>表示挂装的设备；<mount point>表示挂装点；<type>表示文件系统类型；<options>为挂装选项；ro 表示以只读模式加载该文件系统；user 表示允许普通用户加载该文件系统；quota 表示强制在该文件系统上进行磁盘定额限制；Noauto 表示不再使用mount -a 命令（如系统启动时）加载该文件系统；<dump>表示使用 dump 命令备份文件系统的频率；若不需要转储就设置该字段为 0；<pass>表示规定检查文件系统的顺序；根文件系统"/"对应该字段的值应该为 1，其他文件系统应该为 2。若该文件系统无须在启动时扫描则设置该字段为 0。

③ 系统初始化相关文件例子：/etc/profile 的配置脚本：

```
[/etc]cat profile
# /etc/profile: executed by bash(1) for login shells.
HOME=/root
PS1=[\\w]
PATH=$PATH:./
export FRAMEBUFFER='/dev/fb/0'
```

```
LD_LIBRARY_PATH=/mnt/yaffs/lib
cd /mnt/yaffs
alias ll='ls -l'
alias mntnfs='mount -t nfs -o nolock'
if [ -f /mnt/yaffs/.profile ]; then
cp -a /mnt/yaffs/.profile ~/
fi
echo "runing /etc/profile ok"
```

④ 系统初始化相关文件例子/etc/inittab：

```
[/etc]cat inittab
::sysinit:/etc/init.d/rcS
::respawn:-/bin/sh
::ctrlaltdel:/bin/umount -a -r
```

项 目 实 现

在学习嵌入式系统设备驱动程序设计、Bootloader、U-boot 及 Linux 内核移植的基础上，构建嵌入式系统软/硬件及实现仿真月球车的测温测距避障控制，通过任务 4-1～任务 4-5 来实现，具体操作过程介绍如下。

任务 4-1 仿真月球车控制驱动和巡迹驱动

1. 目的与要求

在掌握设备驱动程序接口与使用方法的基础上，可以尝试仿真月球车编写控制驱动和巡迹驱动程序，加深对嵌入式系统设备驱动的理解和应用。

2. 操作步骤

1）设备驱动程序

（1）控制驱动：Control_dev.c。

```
/*************************************
NAME:Control_dev.c
*************************************/
#include <linux/module.h>
#include <linux/kernel.h>
#include <linux/fs.h>
#include <linux/init.h>
#include <linux/delay.h>
#include <linux/poll.h>
#include <asm/irq.h>
#include <asm/io.h>
#include <linux/interrupt.h>
#include <asm/uaccess.h>
```

```
#include <mach/regs-gpio.h>
#include <mach/hardware.h>
#include <plat/regs-timer.h>
#include <mach/regs-irq.h>
#include <asm/mach/time.h>
#include <linux/clk.h>
#include <linux/cdev.h>
#include <linux/device.h>
#include <linux/miscdevice.h>
#define DEVICE_NAME    "Car_Control"
static struct semaphore lock;
/* 用来指定 PWM 所用的 GPIO 引脚*/
static unsigned long gpio_table [] =
{

s3c2440_GPG7,
s3c2440_GPG11,              //前两个引脚巡迹小车项目未用
s3c2440_GPB8,              //LIFT_DIRA
s3c2440_GPB7,              //RIGHT_DIRA
};
static struct semaphore lock;

static int tq2440_pwm_open(struct inode *inode, struct file *file)
{
if (!down_trylock(&lock))      //是否获得信号量，是 down_trylock(&lock)=0，否则非
return 0;
else
return -EBUSY;
}
static int tq2440_pwm_close(struct inode *inode, struct file *file)
{
up(&lock);
return 0;
}
static int tq2440_pwm_ioctl(struct inode *inode, struct file *file,
unsigned int cmd, unsigned char *arg)
{
unsigned long tcfg0;
unsigned long tcfg1;
unsigned long tcntb;
unsigned long tcmpb[2];
unsigned long tcon;
unsigned char *tmp;
tmp = kmalloc(cmd,GFP_KERNEL);
copy_from_user(tmp,arg,cmd);
//for(i=0;i<cmd;i++)         printk("tmp=%d",tmp[i]);
```

```
//printk("-------------------------\n");
  if(tmp[0]==0&&tmp[1]==0)//stop PWM
  {
    s3c2440_gpio_cfgpin(s3c2440_GPB1, s3c2440_GPB1_OUTP);
    s3c2440_gpio_setpin(s3c2440_GPB1, 0);
    s3c2440_gpio_cfgpin(s3c2440_GPB0, s3c2440_GPB0_OUTP);
    s3c2440_gpio_setpin(s3c2440_GPB0, 0);
    s3c2440_gpio_setpin(gpio_table[2], 0);
    s3c2440_gpio_setpin(gpio_table[3], 0);
  }
else
        {
struct clk *clk_p;
unsigned long pclk;
//set GPB0 as tout0, pwm output
  s3c2440_gpio_cfgpin(s3c2440_GPB1, s3c2440_GPB1_OUTP);
  s3c2440_gpio_setpin(s3c2440_GPB1, 0);
  s3c2440_gpio_cfgpin(s3c2440_GPB0, s3c2440_GPB0_OUTP);
  s3c2440_gpio_setpin(s3c2440_GPB0, 0);
  s3c2440_gpio_setpin(gpio_table[2], 0);
  s3c2440_gpio_setpin(gpio_table[3], 0);
 tcon = __raw_readl(s3c2440_TCON);
 tcon &= ~0xf1f;
 __raw_writel(tcon, s3c2440_TCON);
 tcfg1 = __raw_readl(s3c2440_TCFG1);
 tcfg0 = __raw_readl(s3c2440_TCFG0);
 //prescaler = 50
 tcfg0 &= ~s3c2440_TCFG_PRESCALER0_MASK;
 tcfg0 |= (50 - 1);
 //mux = 1/4
 tcfg1 &= ~s3c2440_TCFG1_MUX0_MASK|~s3c2440_TCFG1_MUX1_MASK;
 tcfg1 |= s3c2440_TCFG1_MUX1_DIV8|s3c2440_TCFG1_MUX0_DIV8;
 __raw_writel(tcfg1, s3c2440_TCFG1);
 __raw_writel(tcfg0, s3c2440_TCFG0);
 clk_p = clk_get(NULL, "pclk");
 pclk = clk_get_rate(clk_p); //pclk=50,000,000
 //printk("pclk=%ld\n",pclk);
 tcntb = 250;//(pclk/4/16)/freq;//if tmp[1]==1, tcntb=62500
 __raw_writel(tcntb, s3c2440_TCNTB(1));
 __raw_writel(tcntb, s3c2440_TCNTB(0));
 if(tmp[0]!=0)
 {
 s3c2440_gpio_cfgpin(s3c2440_GPB0, s3c2440_GPB0_TOUT0);
 tcmpb[0] = tmp[0]>=tcntb?249:tmp[0];        //占空比大于周期数
 __raw_writel(tcmpb[0], s3c2440_TCMPB(0));
 tcon = __raw_readl(s3c2440_TCON);
```

```
tcon |= 0x0b;        //start timer0
 __raw_writel(tcon, s3c2440_TCON);
tcon &= ~0x02;
 __raw_writel(tcon, s3c2440_TCON);
s3c2440_gpio_setpin(gpio_table[2], tmp[2]);
}
if(tmp[1]!=0)
{
s3c2440_gpio_cfgpin(s3c2440_GPB1, s3c2440_GPB1_TOUT1);
tcmpb[1] = tmp[1]>=tcntb?249:tmp[1];        //占空比大于周期数
 __raw_writel(tcmpb[1], s3c2440_TCMPB(1));
tcon = __raw_readl(s3c2440_TCON);
tcon |= 0xb00;           //start timer0
 __raw_writel(tcon, s3c2440_TCON);
tcon &= ~0x200;
 __raw_writel(tcon, s3c2440_TCON);
s3c2440_gpio_setpin(gpio_table[3], tmp[3]);
}
    }
kfree(tmp);
return 0;
}
static struct file_operations dev_fops = {
     .owner     =   THIS_MODULE,
     .open      =   tq2440_pwm_open,
     .release   =   tq2440_pwm_close,
     .ioctl     =   tq2440_pwm_ioctl,
};
static struct miscdevice misc = {
 .minor = MISC_DYNAMIC_MINOR,
 .name  = DEVICE_NAME,
 .fops  = &dev_fops,
};
static int __init dev_init(void)
{
 int ret;
 init_MUTEX(&lock);
 ret = misc_register(&misc);
 printk (DEVICE_NAME" initialized\n");
     return ret;
}
static void __exit dev_exit(void)
{
 misc_deregister(&misc);
}
module_init(dev_init);
```

```c
module_exit(dev_exit);
MODULE_LICENSE("GPL");
MODULE_AUTHOR("www.r8c.com");
MODULE_DESCRIPTION("Mooncar Drivers for looking for road ");
```

（2）巡迹驱动 xunji_dev.c。

```c
#include <linux/module.h>
#include <linux/kernel.h>
#include <linux/fs.h>
#include <linux/init.h>
#include <linux/delay.h>
#include <linux/poll.h>
#include <linux/irq.h>
#include <asm/irq.h>
#include <linux/interrupt.h>
#include <asm/uaccess.h>
#include <mach/regs-gpio.h>
#include <mach/hardware.h>
#include <linux/platform_device.h>
#include <linux/cdev.h>
#include <linux/miscdevice.h>
#define DEVICE_NAME     "Xunji_Control" /* 加载模式后，执行"cat /proc/ d
                                        evices"命令看到的设备名称*/
#define BUTTON_MAJOR    232             /* 主设备号*/
static int EmbedSky_buttons_open(struct inode *inode, struct file
    *file)
{
s3c2440_gpio_cfgpin(s3c2440_GPG3,s3c2440_GPG3_INP);
s3c2440_gpio_cfgpin(s3c2440_GPG0,s3c2440_GPG0_INP);
s3c2440_gpio_cfgpin(s3c2440_GPF3,s3c2440_GPF3_INP);
s3c2440_gpio_cfgpin(s3c2440_GPF4,s3c2440_GPF4_INP);
s3c2440_gpio_cfgpin(s3c2440_GPG7,s3c2440_GPG7_INP);
s3c2440_gpio_cfgpin(s3c2440_GPE12,s3c2440_GPE12_INP);
s3c2440_gpio_cfgpin(s3c2440_GPE13,s3c2440_GPE13_INP);
s3c2440_gpio_cfgpin(s3c2440_GPG6,s3c2440_GPG6_INP);
return 0;
}
static int EmbedSky_buttons_close(struct inode *inode, struct file
    *file)
{

return 0;
}
/* 应用程序对设备文件/dev/EmbedSky-buttons 执行 read(...)时,
 * 就会调用 EmbedSky_buttons_read 函数
 */
```

```
//static int EmbedSky_buttons_read(struct file *filp, char __user
//*buff, size_t count, loff_t *offp)
static int EmbedSky_buttons_read(struct file *filp, char *buff, int
    count)
{
char cmd=0;
 if(s3c2440_gpio_getpin(s3c2440_GPG3)==0)
  cmd=cmd+1;
 if(s3c2440_gpio_getpin(s3c2440_GPG0)==0)
  cmd=cmd+2;
 if(s3c2440_gpio_getpin(s3c2440_GPF3)==0)
  cmd=cmd+4;
 if(s3c2440_gpio_getpin(s3c2440_GPF4)==0)
  cmd=cmd+8;
 if(s3c2440_gpio_getpin(s3c2440_GPG7)==0)
  cmd=cmd+8;
 if(s3c2440_gpio_getpin(s3c2440_GPE12)==0)
  cmd=cmd+4;
 if(s3c2440_gpio_getpin(s3c2440_GPE13)==0)
  cmd=cmd+2;
 if(s3c2440_gpio_getpin(s3c2440_GPG6)==0)
  cmd=cmd+1;
 *buff=cmd;
 return cmd;
}
/* 这个结构是字符设备驱动程序的核心
 * 当应用程序操作设备文件时所调用的 open、read、write 等函数，
 * 最终会调用这个结构中的对应函数
 */
static struct file_operations EmbedSky_buttons_fops =
{
 .owner =    THIS_MODULE,           /* 这是一个宏，指向编译模块时自动创建的
                                                __this_module 变量*/
 .open =    EmbedSky_buttons_open,
 .release =    EmbedSky_buttons_close,
 .read =    EmbedSky_buttons_read,
};
static struct miscdevice misc = {
 .minor = MISC_DYNAMIC_MINOR,
 .name = DEVICE_NAME,
 .fops = &EmbedSky_buttons_fops,
};
static int __init EmbedSky_buttons_init(void)
{
 int ret;
 ret = misc_register(&misc);
```

```
 printk(DEVICE_NAME " initialized\n");
 return 0;
}
/*
 * 执行"rmmod EmbedSky_buttons.ko"命令时就会调用这个函数
 */
static void __exit EmbedSky_buttons_exit(void)
{
 /* 卸载驱动程序*/
 misc_deregister(&misc);
}
/* 这两行指定驱动程序的初始化函数和卸载函数*/
module_init(EmbedSky_buttons_init);
module_exit(EmbedSky_buttons_exit);
/* 描述驱动程序的一些信息，不是必需的*/
MODULE_AUTHOR("r8c");                          //驱动程序的作者
MODULE_DESCRIPTION("TQ2440/SKY2440 Detection");  //一些描述信息
MODULE_LICENSE("GPL");                         //遵循的协议
```

2）修改 drivers/char/目录下的 "Kconfig" 文件

在 7 行添加如下内容（斜体部分所示）：

```
#
# Character device configuration
#
menu "Character devices"
config MOONCAR_CONTROL
tristate "Control Drivers for Mooncar(Foodroad control)"
depends on ARCH_S3C2440
default m if ARCH_S3C2440
help
Control Drivers for Mooncar.
config MOONCAR_XUNJI
tristate "Xunji Drivers for Mooncar"
depends on ARCH_S3C2440
default m if ARCH_S3C2440
help
Xunji Drivers for Mooncar.
config VT
bool "Virtual terminal" if EMBEDDED
depends on !S390
select INPUT
```

3）修改同目录下的 "Makefile" 文件

在合适的行添加如下内容（斜体部分）：

```
# This file contains the font map for the default (hardware) font
#
```

```
obj-$(CONFIG_MOONCAR_CONTROL) += Control_dev.o
obj-$(CONFIG_MOONCAR_XUNJI) += Xunji_dev.o
```

4）配置内核

终端输入：# make menuconfig，然后配置如下：

```
Device Drivers --->
Character devices --->
<M> Control Drivers forMooncar(Foodroad control)
<M> Xunji Drivers forMooncar
```

将其选择为"M"（模块），然后保存配置。

5）编译

```
#make SUBDIR=drivers/char/ modules
```

编译出驱动文件（Control_dev.ko Xunji_dev.ko），将两个驱动文件复制到开发板的 lib/目录中并加载两个驱动文件。

3. 任务小结

本案例中的设备是字符设备，字符设备是 3 大类设备（字符设备、块设备、网络设备）中较简单的一类设备，其驱动程序中完成的主要工作是初始化、添加和删除 cdev 结构体，申请和释放设备号，以及填充 file_operation 结构体中的操作函数，并实现 file_operations 结构体中的 read( )、write( )、ioctl( )等重要函数。设备驱动程序开发有一定的深度和难度，建议在本案例的基础上模仿消化设备驱动的内涵。

任务 4-2　U-Boot 裁剪及移植

1. 目的与要求

掌握 Bootloader 裁剪及移植的方法，为嵌入式系统设备驱动奠定基础，综合应用了嵌入式系统的硬件体系知识和软件开发技术，是对嵌入式系统学习的深化和提高。

2. 操作步骤

1）获得 U-Boot 源码

直接从 U-Boot 的官方网站下载源代码，以版本 1.3.2 为例，放在 src 目录下。将 u-boot-1.3.2.tar.bz2 复制到工作目录下，解压源码包：

```
[root@vm-dev 2410-s]# pwd
/root/2410-s
[root@vm-dev 2410-s]# mkdir u-boot
[root@vm-dev 2410-s]# cd u-boot
[root@vm-dev u-boot]# cp /mnt/hgfs/u-boot/u-boot-1.3.2.tar.bz2 ./
[root@vm-dev u-boot]# tar jxvf u-boot-1.3.2.tar.bz2
[root@vm-dev u-boot]# cd u-boot.1.3.2
```

2）建立板级支持包

在 board 目录下，每一块开发板都有一个对应的目录，因此需要为开发板建立一个目录，名字叫作 up2410，并创建相应的文件：

```
[root@vm-dev u-boot-1.3.2]# cd board/
[root@vm-dev board]# mkdir up2410
[root@vm-dev board]# cp smdk2410/* up2410
[root@vm-dev board]# cd ../
```

上面的步骤中把 smdk2410 目录下的所有文件都复制到了 up2410 目录下，因为开发板和 smdk2410 开发板的配置差不多，可以借用一部分。

每个开发板都有一个自己的配置文件，如 smdk2410 开发板的配置文件为 include/configs/smdk2410.h，可以直接从 smdk2410 开发板的配置文件中修改而来。因此先把 smdk2410 的配置文件复制到开发板的配置文件中：

```
[root@vm-dev  u-boot-1.3.2]#  cp  include/configs/smdk2410.h  include/
configs/up2410.h
```

然后修改 Makefile，从而可以配置开发板：

```
[root@vm-dev u-boot-1.3.2]# vi Makefile
```

在 Makefile 中找到下面两行：

```
smdk2400_config :       unconfig
@$(MKCONFIG) $(@:_config=) arm arm920t smdk2400 NULL s3c24x0
```

紧接这两行添加如下两行：

```
up2410_config :       unconfig
@$(MKCONFIG) $(@:_config=) arm arm920t up2410 NULL s3c24x0
```

注意：第二行开始部分的空白是按 TAB 键获得的。这样，板级支持包就建好了。

3）添加代码，支持从 Nand Flash 启动

由于开发板上没有 Nor Flash，只能从 Nand Flash 启动。而 U-Boot 默认不支持从 Nand Flash 启动，所以需要添加代码来实现从 Nand Flash 启动。

（1）修改 start.S 文件。

位于 cpu/arm920t/目录下的 start.S 文件是开发板上电后运行的第一段代码，需要在这个文件中添加内容，以支持从 Nand Flash 启动。

```
[root@vm-dev u-boot-1.3.2]# vi cpu/arm920t/start.S
```

首先，删掉 start.S 中的第 181 行和第 201 行的下面内容：

```
#ifdef  CONFIG_AT91RM9200
.......................................................
#endif
```

如果有这两句，这两句之间的内容将不会被编译。而开发板需要执行这些内容。然后，找到这一行：

```
#ifndef CONFIG_SKIP_RELOCATE_UBOOT
```

在紧接这行的下面添加下面几行：

```
#ifdef CONFIG_S3C2410_NAND_BOOT
    bl      copy_myself
    #else
```

再找到

```
ble     copy_loop
```

在它的下面添加一行：

```
#endif
```

做这些工作就是要完成一个简单的功能。定义了 CONFIG_S3C2410_NAND_BOOT 这个宏，那么就执行 copy_myself 这个子程序，否则就执行#else 下面的程序。copy_myself 这个子程序的功能就是把 U-Boot 自身的代码从 Nand Flash 复制到 SDRAM 中，需要自己实现，U-Boot 自身并不会实现。

把 copy_myself 也添加在 start.S 文件中。找到下面的一行：

```
_start_armboot: .word start_armboot
```

在这一行的下面添加如下内容：

```
/*
*********************************************************************
*
* copy u-boot  to ram
*
*********************************************************************
*/
#ifdef CONFIG_S3C2410_NAND_BOOT
copy_myself:
mov     r10, lr                 @save return address to r10
ldr     sp, DW_STACK_START      @安装栈的起始地址
mov     fp, #0                  @初始化帧指针寄存器
bl      NF_Init                 @跳到复位C函数去执行
@read UBOOT from Nand Flash to RAM
ldr     r0, =UBOOT_RAM_BASE     @设置第1个参数：UBOOT 在 RAM 中的起始地址
mov     r1, #0x0                @设置第2个参数：Nand Flash 的起始地址
mov     r2, #0x30000            @设置第3个参数：UBOOT 的长度(192KB)
  bl    nand_read_whole         @调用 nand_read_whole()，该函数在
                                @board/up2410/nand.c 中
```

```
    tst    r0, #0x0              @如果函数的返回值为 0，表示执行成功
    beq    ok_nand_read          @执行内存比较
1:  b      1b
ok_nand_read:
    mov    r0, #0x00000000       @内部 RAM 的起始地址
    ldr    r1, =UBOOT_RAM_BASE   @UBOOT 在 RAM 中的起始地址
    mov    r2, #0x400 @比较 1024 次，每次 4 字节, 4 bytes * 1024 = 4Kbytes
go_next:
    ldr    r3, [r0], #4
    ldr    r4, [r1], #4
    teq    r3, r4
    bne    notmatch
    subs   r2, r2, #4
    beq    done_nand_read
    bne    go_next
notmatch:
1:  b      1b
done_nand_read:
    mov    pc, r10
#endif
DW_STACK_START:
    .word    STACK_BASE+STACK_SIZE-4
```

上面是 copy_myself 的实现代码，添加完成以后，U-Boot 启动时就会执行这段代码，将 U-Boot 的内容从 Flash 中复制到 SDRAM 中。这样，start.S 这个文件就修改完成了，保存刚才的修改。

（2）添加 nand.c 文件。

在 copy_mysel 这段程序中，调用了 nand_read_whole 子程序。这个程序是用 C 语言实现的，新建一个文件 board/up2410/nand.c，在这个文件中实现它：

```
#include <common.h>
#include <s3c2410.h>
#include <config.h>
#define TACLS   0
#define TWRPH0  3
#define TWRPH1  0
#define U32 unsigned int
extern unsigned long nand_probe(unsigned long physadr);
static void NF_Reset(void)
{
int i;
NF_nFCE_L();/* 使能 Nand Flash */
NF_CMD(0xFF);
for(i=0;i<10;i++);
NF_WAITRB();
NF_nFCE_H();
```

```
        }
        void NF_Init(void)
        {
        rNFCONF=(1<<15)|(1<<14)|(1<<13)|(1<<12)|(1<<11)|(TACLS<<8)|(TWRPH0<<4
)|(TWRPH1<<0);
        NF_Reset();
        }
        int nand_read_whole(unsigned char *buf, unsigned long start_addr, int
size)
        {
        int i, j;
        if ((start_addr & NAND_BLOCK_MASK) || (size & NAND_BLOCK_MASK))
        return 1;
        NF_nFCE_L();
        for(i=0; i<10; i++);
        i = start_addr;
        while(i < start_addr + size) {
        rNFCMD = 0; /* 建立每次读写的地址，NANDFLASH 按照扇区来进行读写*/
        rNFADDR = i & 0xff;
        rNFADDR = (i >> 9) & 0xff;
        rNFADDR = (i >> 17) & 0xff;
        rNFADDR = (i >> 25) & 0xff;
        NF_WAITRB();
        for(j=0; j < NAND_SECTOR_SIZE; j++, i++) {/* 读取每个扇区的所有指令*/
        *buf = (rNFDATA & 0xff);
        buf++;
        }
        }
        NF_nFCE_H();/* 关闭 NANDFLASH 使能 */
        return 0;
        }
```

上面就是 nand.c 文件的全部内容。为了使编译时能把这个文件编译进去，需要修改相应的 Makefile：

```
[root@vm-dev u-boot-1.3.2]# vi board/up2410/Makefile
```

找到这一行：

```
COBJS   := smdk2410.o flash.o
```

把这行的内容改为下面这行：

```
COBJS   := smdk2410.o flash.o nand.o
```

即在行尾加上了 nand.o，这样，编译时就会把 nand.c 编译进去，并进行链接。

（3）修改 up2410.h。

前面提到，up2410.h 是开发板的配置文件。关于 nand.c 中用到的一些宏或其他需要定义的，都放在 up2410.h 中。注意：这里只介绍和从 Nand 启动相关的配置，因为 up2410.h 中还有很多其他配置。

```
[root@vm-dev u-boot-1.3.2]# vi include/configs/up2410.h
```

光标移动到文件的末尾，在文件的最后一个#endif 前添加如下内容：

```
#define CONFIG_S3C2410_NAND_BOOT 1
#define STACK_BASE        0x33f00000
#define STACK_SIZE        0x8000
#define UBOOT_RAM_BASE  0x33f80000
#define CFG_NAND_BASE 0x4E000000    //Nand Flash 控制器在 SFR 区中起始地址
#define CFG_MAX_NAND_DEVICE 1       //支持的 NAND Flash 个数
#define SECTORSIZE 512              //页面大小
#define NAND_SECTOR_SIZE SECTORSIZE
#define NAND_BLOCK_MASK (NAND_SECTOR_SIZE - 1)
#define ADDR_COLUMN 1
#define ADDR_PAGE 2
#define ADDR_COLUMN_PAGE 3
#define NAND_ChipID_UNKNOWN 0x00
#define NAND_MAX_FLOORS 1
#define NAND_MAX_CHIPS 1
#define WRITE_NAND_COMMAND(d, adr) do {rNFCMD = d;} while(0)
#define WRITE_NAND_ADDRESS(d, adr) do {rNFADDR = d;} while(0)
#define WRITE_NAND(d, adr) do {rNFDATA = d;} while(0)
#define READ_NAND(adr) (rNFDATA)
#define NAND_WAIT_READY(nand) {while(!(rNFSTAT&(1<<0)));}
#define NAND_DISABLE_CE(nand) {rNFCONF |= (1<<11);}
#define NAND_ENABLE_CE(nand) {rNFCONF &= ~(1<<11);}
#define NAND_CTL_CLRALE(nandptr)
#define NAND_CTL_SETALE(nandptr)
#define NAND_CTL_CLRCLE(nandptr)
#define NAND_CTL_SETCLE(nandptr)
#define CONFIG_MTD_NAND_VERIFY_WRITE 1
#define rNFCONF (*(volatile unsigned int *)0x4e000000)
#define rNFCMD (*(volatile unsigned char *)0x4e000004)
#define rNFADDR (*(volatile unsigned char *)0x4e000008)
#define rNFDATA (*(volatile unsigned char *)0x4e00000c)
#define rNFSTAT (*(volatile unsigned int *)0x4e000010)
#define rNFECC (*(volatile unsigned int *)0x4e000014)
#define rNFECC0 (*(volatile unsigned char *)0x4e000014)
#define rNFECC1 (*(volatile unsigned char *)0x4e000015)
#define rNFECC2 (*(volatile unsigned char *)0x4e000016)
#define NF_CMD(cmd) {rNFCMD=cmd;}
#define NF_ADDR(addr) {rNFADDR=addr;}
#define NF_nFCE_L() {rNFCONF&=~(1<<11);}
#define NF_nFCE_H() {rNFCONF|=(1<<11);}
```

```
#define NF_RSTECC()  {rNFCONF|=(1<<12);}
#define NF_RDDATA() (rNFDATA)
#define NF_WRDATA(data) {rNFDATA=data;}
#define NF_WAITRB() {while(!(rNFSTAT&(1<<0)));}
```

这样，关于从 Nand 启动的修改就做完了。保存文件。

4）开发板的配置

前面已经提到，2410.h 是开发板的配置文件，许多重要的内容都需要在这个文件中进行配置。

（1）网卡配置。

Smdk2410 开发板上用的是 CS8900 网卡，而我们的开发板上使用的是 DM9000 网卡，因此网卡的配置需要修改。找到下面三行：

```
#define CONFIG_DRIVER_CS8900    1   /* we have a CS8900 on-board */
#define CS8900_BASE             0x19000300
#define CS8900_BUS16    /* the Linux driver does accesses as shorts */
```

注释掉这三行，在这三行下面添加下面的代码：

```
#define CONFIG_DRIVER_DM9000 1
#define CONFIG_DRIVER_DM9000_BASE 0x10000000
#define DM9000_IO CONFIG_DM9000_BASE
#define DM9000_DATA (DM9000_IO + 2)
#define CONFIG_DM9000_USE_16BIT
```

这样定义主要是因为 U-Boot 中提供的 DM9000X 网卡驱动与经典 2410 平台上使用的 DM9000A 网卡有一定的不同之处，不能直接驱动 DM9000A 网卡。因此，这里除了对网卡的信息进行配置以外，还需要修改 DM9000A 网卡的驱动，将在后面介绍。

（2）添加命令。

U-Boot 中提供了丰富的命令，smdk2410 开发板配置了一部分命令，为开发板增加一些命令。找到下面的几行：

```
#define CONFIG_CMD_CACHE
#define CONFIG_CMD_DATE
#define CONFIG_CMD_ELF
```

在其下面添加下面几行：

```
#define CONFIG_CMD_REGINFO
#define CONFIG_CMD_NAND
#define CONFIG_CMD_PING
#define CONFIG_CMD_DLF
#define CONFIG_CMD_ENV
#define CONFIG_CMD_NET
```

这样就添加了一些需要的命令。

（3）修改环境变量。

环境变量是 U-Boot 运行时或传递给内核的重要参数，需要正确设置。找到下面的代码：

```
    #define CONFIG_BOOTDELAY    3
    /*#define CONFIG_BOOTARGS    "root=ramfs    devfs=mount    console=ttySA0,
9600" */
    /*#define CONFIG_ETHADDR    08:00:3e:26:0a:5b */
    #define CONFIG_NETMASK      255.255.255.0
    #define CONFIG_IPADDR       10.0.0.110
    #define CONFIG_SERVERIP     10.0.0.1
    /*#define CONFIG_BOOTFILE    "elinos-lart" */
    /*#define CONFIG_BOOTCOMMAND  "tftp; bootm" */
    #if defined(CONFIG_CMD_Kgdb)
```

注意上面的#if defined(CONFIG_CMD_Kgdb)处，需要做的修改都要在这之前进行。

修改后的代码如下：

```
    #define CONFIG_BOOTDELAY        3
    #define CONFIG_BOOTARGS         "root=/dev/mtdblock2 init=/linuxrc
    console=ttySAC0,115200"
        #define CONFIG_ETHADDR      08:00:3e:26:0a:5b
        #define CONFIG_NETMASK      255.255.255.0
        #define CONFIG_IPADDR       192.168.1.131
        #define CONFIG_SERVERIP     192.168.1.132
        #define CONFIG_BOOTFILE "uImage"
        #define CONFIG_BOOTCOMMAND "tftp; bootm"
        #define CONFIG_CMDLINE_TAG  1
        #define CONFIG_SETUP_MEMORY_TAGS 1
    #define CONFIG_INITRD_TAG 1
    #if defined(CONFIG_CMD_Kgdb)
```

上面添加的环境变量在 U-Boot 启动时作为 U-Boot 的默认环境变量，如果不执行 saveenv 命令，则这些变量只存在于 SDRAM 中；执行 saveenv 命令后，这些变量会保存到 Flash 中，下次上电，再从 Flash 中把它读出来，作为环境变量使用。

（4）修改命令提示符。

找到下面一行：

```
    #define CFG_PROMPT   "SMDK2410 # "   /* Monitor Command Prompt    */
```

修改为：

```
    #define CFG_PROMPT       "[UP-2410 #]"
```

这样，U-Boot 的命令提示符就是[UP-2410 #]。这样做只是为了在使用时知道所使用的是经典 2410 开发板上的 Bootloader，当然不改的话也没有什么影响。

（5）修改默认下载地址。

找到下面的一行：

```
#define CFG_LOAD_ADDR        0x33000000      /* default load address */
```

这个变量定义的是在使用串口或网卡下载文件到 SDRAM 时，如果不指定下载地址，则下载到这个宏指定的默认地址。用下面的两行来替代：

```
#define CFG_LOAD_ADDR             0x30008000
#define CFG_TFTP_LOAD_ADDR        0x30008000
```

（6）修改环境变量在 Flash 中的存储地址。

找到下面的两行：

```
#define CFG_ENV_IS_IN_FLASH    1
#define CFG_ENV_SIZE    0x10000 /* Total Size of Environment Sector */
```

上面的定义说明环境变量是存在 Flash 中的。我们的板子上只有 Nand Flash，因此环境变量只能存在 Nand Flash 中。因此，注释掉上面的两行，用下面的几行代替：

```
#define CFG_ENV_IS_IN_NAND    1
#define CFG_ENV_SIZE          0x4000
#define CFG_ENV_OFFSET        (0x80000-0x4000)
```

表示环境变量存储在 Nand Flash 中，大小为 16KB，起始地址是 0.5MB 往下的 16KB 地址处。这样，U-Boot 占用的 Flash 地址是前 0.5M，对 U-Boot 来说，已经足够了。到这里，配置文件的修改就完成了。

5）修改网卡驱动

前面提到，开发板上是 DM9000A 网卡，不能直接使用 U-Boot 提供的网卡驱动，因而提供了这个网卡的驱动，由于修改的地方比较多，就不详细解释了，直接给出这个驱动的实现代码。该驱动会在网络驱动课程中讲解。共有两个文件：dm9000x.c 和 dm9000x.h。这两个文件在 src 目录中存放。把这两个文件复制到 u-boot 源代码目录下的 drivers/net 下，替换掉 U-Boot 自身的驱动文件即可。

```
[root@vm-dev u-boot-1.3.2]# cp /mnt/hgfs/e/dm9000x.c drivers/net/
cp: 是否覆盖 'drivers/net/dm9000x.c'？y
[root@vm-dev u-boot-1.3.2]# cp /mnt/hgfs/e/dm9000x.h drivers/net/
cp: 是否覆盖 'drivers/net/dm9000x.h'？y
[root@vm-dev u-boot-1.3.2]#
```

修改 u-boot 工程目录下的 lib_arm/board.c 源文件，添加网卡初始化函数接口调用：找到源码中的如下语句（第 424 行）：

```
#ifdef CONFIG_DRIVER_CS8900
    cs8900_get_enetaddr (gd->bd->bi_enetaddr);
#endif
```

在这段语句前面加入"eth_init(gd->bd);"语句,如下:

```
    eth_init(gd->bd);
#ifdef CONFIG_DRIVER_CS8900
    cs8900_get_enetaddr (gd->bd->bi_enetaddr);
#endif
```

这样 u-boot 启动时将自动初始化网卡。

6)编译 U-Boot

首先运行如下命令配置 U-Boot:

```
[root@vm-dev u-boot-1.3.2]# make up2410_config
Configuring for up2410 board...
[root@vm-dev u-boot-1.3.2]#
```

然后运行 make 命令编译:

```
[root@vm-dev u-boot-1.3.2]# make
```

编译完成后,会在 U-Boot 的源代码目录下生成 u-boot.bin 文件,这个文件就是需要的二进制文件。

7)刻录 U-Boot

将编译得到的 u-boot.bin 复制到 XP 的 D 盘下,将光盘中的 sjf2410-s.exe 文件也复制到 D 盘下。连接好开发板的电源、JTAG 下载线,打开开发板的电源。在计算机桌面的左下角单击"开始"按钮,找到"运行"选项,如图 4.12 所示。

图 4.12 XP 运行界面

在打开的菜单中输入 cmd,并按回车键,如图 4.13 所示。

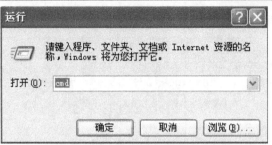

图 4.13 XP 运行界面

这样将会打开一个 DOS 对话框。在打开的 DOS 对话框中进入 D 盘：

```
Microsoft Windows XP [版本 5.1.2600]
(C) 版权所有 1985-2001 Microsoft Corp.
C:\Documents and Settings\Administrator>D:
D:\>
```

这样就进入了 D 盘，运行如下命令进行刻录：

```
D:\>sjf2410-s.exe /f:u-boot.bin
```

这样就会启动刻录程序。在刻录程序中需要做一些选择，要分别输入三次"0"，然后才开始真正的刻录，刻录完毕后，输入"2"退出程序，如下所示。

```
D:\>sjf2410-s.exe /f:u-boot.bin
+------------------------------------+
|     SEC JTAG FLASH(SJF) v 0.7      |
|     (S3C2410X & SMDK2410 B/D)      |
+------------------------------------+
Usage: SJF /f:<filename> /d=<delay>
> S3C2410X(ID=0x0032409d) is detected.
[SJF Main Menu]
 0:K9S1208 prog   1:K9F2808 prog   2:28F128J3A prog   3:AM29LV800 Prog
 4:Memory Rd/Wr      5:Exit
Select the function to test:0
[K9S1208 NAND Flash JTAG Programmer]
K9S1208 is detected. ID=0xec76
 0:K9S1208 Program      1:K9S1208 Pr BlkPage   2:Exit
Select the function to test :0
[SMC(K9S1208V0M) NAND Flash Writing Program]
Source size:0h~21237h
Available target block number: 0~4095
Input target block number:0
target start block number    =0
target size      (0x4000*n) =0x24000
STATUS:Eppppppppppppppppppppppppppppppppppppp
Eppppppppppppppppppppppppppppppppppppp
Eppppppppppppppppppppppppppppppppppppp
```

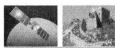

```
Eppppppppppppppppppppppppppppppppp
Eppppppppppppppppppppppppppppppppp
Eppppppppppppppppppppppppppppppppp
Eppppppppppppppppppppppppppppppppp
Eppppppppppppppppppppppppppppppppp
Eppppppppppppppppppppppppppppppppp
 0:K9S1208 Program    1:K9S1208 Pr BlkPage   2:Exit
Select the function to test :2
D:\>
```

8）测试 U-Boot

现在 U-Boot 已经刻录到开发板上了，可以启动开发板检测是否刻录好。连接好开发板和主机之间的串口、网口，断开开发板的 JTAG 下载线，启动开发板。如果刻录成功，会在串口终端上出现如下内容：

```
U-Boot 1.3.2 (Dec  5 2008 - 10:35:38)
DRAM:  64 MB
Flash: 512 kB
NAND:  64 MiB
*** Warning - bad CRC or NAND, using default environment
In:    serial
Out:   serial
Err:   serial
Hit any key to stop autoboot:  0
[2410-S #]
```

注意上面内容，主要是因为没有把环境变量写入 Flash。运行如下命令将环境变量写入Flash：

```
[UP-2410 #]saveenv
Saving Environment to NAND...
Erasing Nand...Writing to Nand... done
[UP-2410 #]
```

运行 printenv 查看环境变量：

```
[UP-2410 #]printenv
bootargs=root=/dev/mtdblock3 init=/linuxrc console=ttySAC0,115200
bootcmd=tftp; bootm
bootdelay=3
baudrate=115200
ethaddr=08:00:3e:26:0a:5b
ipaddr=192.168.1.131
serverip=192.168.1.132
netmask=255.255.255.0
bootfile="uImage"
stdin=serial
```

```
stdout=serial
stderr=serial
Environment size: 265/16380 bytes
[2410 #]
```

可以看到在 up2410.h 中定义的环境变量都正确地保存下来了。然后检测网络功能：

```
[2410 #]ping 192.168.1.135
host 192.168.1.135 is alive
[2410 #]
```

返回 host 192.168.1.135 is alive，说明网卡已经通了。另外，还可以运行 help 命令来查看 U-Boot 提供的命令及其作用：

```
[UP-2410 #]help
?        - alias for 'help'
autoscr - run script from memory
base    - print or set address offset
bdinfo  - print Board Info structure
boot    - boot default, i.e., run 'bootcmd'
bootd   - boot default, i.e., run 'bootcmd'
bootelf - Boot from an ELF image in memory
bootm   - boot application image from memory
bootp   - boot image via network using BootP/TFTP protocol
bootvx  - Boot vxWorks from an ELF image
cmp     - memory compare
coninfo - print console devices and information
cp      - memory copy
crc32   - checksum calculation
date    - get/set/reset date & time
dcache  - enable or disable data cache
echo    - echo args to console
erase   - erase FLASH memory
flinfo  - print FLASH memory information
go      - start application at address 'addr'
help    - print online help
icache  - enable or disable instruction cache
iminfo  - print header information for application image
imls    - list all images found in flash
itest   - return true/false on integer compare
loadb   - load binary file over serial line (kermit mode)
loads   - load S-Record file over serial line
loady   - load binary file over serial line (ymodem mode)
loop    - infinite loop on address range
md      - memory display
mm      - memory modify (auto-incrementing)
mtest   - simple RAM test
```

```
mw      - memory write (fill)
nand    - NAND sub-system
nboot   - boot from NAND device
nfs     - boot image via network using NFS protocol
nm      - memory modify (constant address)
ping    - send ICMP ECHO_REQUEST to network host
printenv- print environment variables
protect - enable or disable FLASH write protection
rarpboot- boot image via network using RARP/TFTP protocol
reginfo - print register information
reset   - Perform RESET of the CPU
run     - run commands in an environment variable
saveenv - save environment variables to persistent storage
setenv  - set environment variables
sleep   - delay execution for some time
tftpboot- boot image via network using TFTP protocol
version - print monitor version
[2410-S #]
```

可以尝试运行 U-Boot 的命令，对所移植的 U-Boot 进行测试。

3. 任务小结

如果移植 U-Boot 后系统出现异常，导致开发板无法正常启动和运行，在 Windows XP 下进行 Linux 系统刻录即恢复到出厂状态。

（1）新建一目录 bootloader，把 sjf2440.exe 和要刻录的 u-boot.bin、Linux 操作系统内核、根文件系统和应用程序压缩包复制到该目录下，现在的文件是 u-boot.bin，该文件在光盘的 img 文件夹下。

（2）单击"开始"中的"运行"命令，输入 cmd，找到 sjf2410-s.exe 所在文件夹的路径，输入 sjf2440-s.exe /f:u-boot.bin 并按回车键。进入刻录界面，界面会显示 CPU 的 ID：0x0032409d，这时对刻录进行地址位的选择，选择"4"。

（3）在此后出现的三次要求输入参数中，第一次是让选择 Flash，选"4"，然后按回车键，第二次是选择 JTAG 对 flash 的两种功能，也选"0"，然后按回车键，第三次是让选择起始地址，选"0"，然后按回车键，等待 3～5 分钟的刻录时间，当 u-boot 刻录完毕后选择参数"2"，退出刻录。烧录后关闭 S2410，注意这时需要拔掉并口线与开发板的连线，否则开发板无法正常启动。

任务 4-3　Linux 内核移植

1. 目的与要求

掌握 Linux 内核移植的方法，在 Bootloader 裁剪与移植的基础上继续向 ARM 芯片内移植 Linux 操作系统心脏，为嵌入式系统设备驱动奠定基础，综合应用了嵌入式系统的硬件体系知识和软件开发技术。

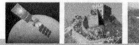

2. 操作步骤

1）获得 Linux 内核源码

从 www.kernel.org 上下载 linux-2.6.24.4 的内核源码。将 linux-2.6.24.4.tar.bz2 复制到工作目录下，解压，就可以得到完整的 Linux 内核源码包：

```
[root@vm-dev 2410-s]# pwd
/root/2410-s
[root@vm-dev 2410-s]# cp /mnt/hgfs/kernel/linux-2.6.24.4.tar.bz2 ./
[root@vm-dev 2410-s]# tar jxvf linux-2.6.24.4.tar.bz2
[root@vm-dev 2410-s]# cd linux-2.6.24.4/
```

2）修改 Makefile

为了交叉编译内核，需要修改内核的底层 Makefile：

```
[root@vm-dev linux-2.6.24.4]# vi Makefile
```

找到下面的两行：

```
ARCH            ?= $(SUBARCH)
CROSS_COMPILE   ?=
```

修改成如下两行：

```
ARCH            ?= arm
CROSS_COMPILE   ?= arm-linux-
```

这样修改的原因是目标平台是 ARM，使用的交叉编译器的前缀是 arm-linux-。

3）得到.config 文件

编译内核时会依赖于源代码目录下的.config 文件。如果没有这个文件，在 make menuconfig 时，会默认按照 i386 的配置生成.config 文件，而这不是需要的。因此要有自己的.config 文件。

由于和 SMDK2410 开发板的配置类似，因此可以使用它的.config 文件，只需要把它的.config 文件复制到源代码根目录下的.config 文件中即可：

```
[root@vm-dev linux-2.6.24.4]# cp arch/arm/configs/s3c2410_ defconfig .config
```

4）修改 Nand Flash 分区

由于使用的是 SMDK2410 开发板的原型，SMDK2410 开发板的 NAND Flash 需要修改。打开文件 arch/arm/plat-s3c24xx/common-smdk.c：

```
[root@vm-dev linux-2.6.24.4]# vi arch/arm/plat-s3c24xx/common-smdk.c
```

找到 struct mtd_partition smdk_default_nand_part[]这个结构体，并修改它。修改后的结构体如下面的代码所示：

```
static struct mtd_partition smdk_default_nand_part[] = {
        [0] = {
            .name  = "Bootloader",
            .size  = 0x80000,
            .offset = 0,
        },
        [1] = {
            .name  = "Linux Kernel",
            .offset = 0x80000,
            .size  = SZ_2M,
        },
        [2] = {
            .name  = "Root File System",
            .offset = 0x280000,
            .size  = SZ_4M,
        },
        [3] = {
            .name  = "User Space",
            .offset = 0x680000,
            .size  = 0x3980000,
        },
    };
```

这样就把 64MB 的 NAND Flash 分为四个区：

第一个区为 0x00000000～0x00080000，大小为 0.5MB。

第二个区为 0x00080000～0x00280000，大小为 2MB。

第三个区为 0x00280000～0x00680000，大小为 4MB。

第四个区为 0x00680000～0x04000000，大小为 57.5MB。

5）添加 LCD 支持

例如，实验平台上配置有 640*480 的液晶屏，来为它加上驱动支持。需要在 arch/arm/mach-s3c2410/mach-smdk2410.c 中添加一些内容：

```
[root@vm-dev linux-2.6.24.4]# vi arch/arm/mach-s3c2410/mach-smdk2410.c
```

首先要包含 LCD 使用的数据结构的头文件，增加如下内容：

```
#include <asm/arch /fb.h>
#include <linux/platform_device.h>
```

然后添加如下内容：

```
static struct s3c2410fb_display up2410_fb[] __initdata =
{
    {
        .lcdcon5 = (1<<12)|(1<<11)|(1<<9)|(1<<8)|(1<<0),
        .type = (3<<5),
```

```
        .width = 640,
        .height = 480,
        .pixclock = 39721,
        .xres = 640,
        .yres = 480,
        .bpp = 16,
        .left_margin = 40,
        .right_margin = 32,
        .hsync_len = 32,
        .vsync_len = 2,
        .upper_margin = 35,
        .lower_margin = 5,
    },
};

static struct s3c2410fb_mach_info up2410_fb_info __initdata =
{
    .displays = up2410_fb,
    .num_displays = 1,
    .default_display = 0,
    .gpcup = 0xffffffff,
    .gpcup_mask = 0x0,
    .gpccon = 0xaaaaaaaa,
    .gpccon_mask = 0x0,
    .gpdup = 0xffffffff,
    .gpdup_mask = 0x0,
    .gpdcon = 0xaaaaaaaa,
    .gpdcon_mask = 0x0,
};
.lpcsel = 0,
```

然后，在这个文件中找到 smdk2410_init 这个函数，在函数的末尾添加这样一行，来对
LCD 的数据进行设置：

```
    s3c24xx_fb_set_platdata(&up2410_fb_info);
```

6）添加网卡驱动支持

以开发板上配置了 DM9000A 网卡为例，内核已经有网卡驱动的实现代码，需要做一
定的配置。在 arch/arm/mach-s3c2410/mach-smdk2410.c 文件中添加如下内容：

```
    static struct resource s3c_dm9ks_resource[] = {
                [0] = {
                                .start = 0x10000000,
                                .end = 0x10000040,
                                .flags = IORESOURCE_MEM,
                },
                [1] = {
```

```
                        .start = IRQ_EINT2,
                        .end = IRQ_EINT2,
                        .flags = IORESOURCE_IRQ,
              },
};

struct platform_device s3c_device_dm9ks = {
                .name = "s3c2410-dm9ks",
                .id = -1,
                .num_resources = ARRAY_SIZE(s3c_dm9ks_resource),
                .resource = s3c_dm9ks_resource,
};
```

然后，把网卡数据加入 smdk2410_devices 数组：

```
static struct platform_device *smdk2410_devices[] __initdata = {
    &s3c_device_usb,
    &s3c_device_lcd,
    &s3c_device_wdt,
    &s3c_device_i2c,
    &s3c_device_iis,
    &s3c_device_dm9ks,
};
```

另外，根据的经典 2410 开发板的配置，网卡驱动需要修改。由于修改的地方比较多，主要涉及两个源文件：dm9000.c 和 dm9000.h，这里就不详细说明了。

7) 添加 YAFFS 文件系统支持

将 YAFFS 的源代码 yaffs2.tar.gz 复制到 linux-2.6.24.4 的同级目录下，解压该源码包，获得 YAFFS 源码：

```
[root@vm-dev 2410-s]# pwd
/root/2410-s
[root@vm-dev 2410-s]# cp /mnt/hgfs/e/yaffs2.tar.gz ./
[root@vm-dev 2410-s]# tar zxvf yaffs2.tar.gz
```

然后进入 yaffs2 目录，运行./patch-ker.sh 给内核打补丁：

```
[root@vm-dev 2410-s]# cd yaffs2
[root@vm-dev yaffs2]# ./patch-ker.sh c ../linux-2.6.24.4/
```

这样打好补丁以后，再做正确的配置，内核就支持 YAFFS 文件系统了。

8) 配置和编译内核

现在一个简单的内核就准备好了，还需要做一些配置，然后编译，内核才能正常使用。在内核源代码的根目录下运行 make menuconfig 命令，进入配置界面：

```
[root@vm-dev linux-2.6.24.4]# make menuconfig
```

（1）选择硬件系统。做如下选择：

```
System Type  --->
        S3C2410 Machines  --->
                  [*] SMDK2410/A9M2410
        [ ] IPAQ H1940
        [ ] Acer N30
        [ ] Simtec Electronics BAST (EB2410ITX)
        [ ] NexVision OTOM Board
        [ ] AML M5900 Series
        [ ] Thorcom VR1000
        [ ] QT2410
```

其他的：

```
    S3C2400 Machines  --->
    S3C2412 Machines  --->
    S3C2440 Machines  --->
    S3C2442 Machines  --->
    S3C2443 Machines  --->
```

上面的四个选项下的所有选项都不要选，以减小内核体积。

（2）配置 LCD 驱动，做如下选择：

```
    Device Drivers  --->
            Graphics support  --->
                    <*> Support for frame buffer devices  --->
                            <*>        S3C2410 LCD framebuffer
support
                    [*] Bootup logo  --->
                            --- Bootup logo
        [*]   Standard black and white Linux logo
        [*]   Standard 16-color Linux logo
        [*]   Standard 224-color Linux logo
```

这样，在内核启动时，在 LCD 的左上角就会出现 Linux 的 LOGO。

（3）配置 NAND Flash 驱动，做如下选择：

```
Device Drivers  --->
                <*> Memory Technology Device (MTD) support  --->
                        <*>   NAND Device Support  --->
                            <*> NAND  Flash  support  for
S3C2410/S3C2440 SoC
```

（4）配置网卡驱动，做如下选择：

```
    Device Drivers  --->
        [*] Network device support  --->
```

```
        [*]    Ethernet (10 or 100Mbit) --->
                --- Ethernet (10 or 100Mbit)
    -*-   Generic Media Independent Interface device support
    <*>   ASIX AX88796 NE2000 clone support
    [ ]     ASIX AX88796 external 93CX6 eeprom support
    < >   SMC 91C9x/91C1xxx support
    < >   DM9000 support
    < >   Broadcom 440x/47xx ethernet support
```

（5）配置文件系统。做如下配置，以支持 CRAMFS 文件系统和 YAFFS 文件系统，为了调试方便，也选上 NFS 文件系统的支持：

```
    File systems --->
        Miscellaneous filesystems --->
                <*> YAFFS2 file system support
                -*-   512 byte / page devices
                [ ] Use older-style on-NAND data format with pageStatus byte
                [ ]       Lets Yaffs do its own ECC
                -*-   2048 byte (or larger) / page devices
                [*]      Autoselect yaffs2 format
                [ ]      Disable lazy loading
                [ ]    Turn off wide tnodes
                [ ]    Force chunk erase check
                [*]    Cache short names in RAM
                < > Journalling Flash File System v2 (JFFS2) support
                <*> Compressed ROM file system support (cramfs)
        [*] Network File Systems --->
        --- Network File Systems
            <*>   NFS file system support
            [*]      Provide NFSv3 client support
        [*]         Provide client support for the NFSv3 ACL protocol
    extension
            [ ]      Provide NFSv4 client support (EXPERIMENTAL)
            [*]      Allow direct I/O on NFS files
            < >   NFS server support
            [*]    Root file system on NFS
    Pseudo filesystems --->
        [*] Virtual memory file system support (former shm fs)
            [*]    Tmpfs POSIX Access Control Lists
            < > Userspace-driven configuration filesystem (EXPERIMENTAL)
```

这样，内核的配置基本就做好了。如果有兴趣，可以自己查看内核的其他配置，并决定是否选择某项功能，以适合自己的开发板。

在内核源文件的根目录下运行如下命令编译内核：

```
    [root@vm-dev linux-2.6.24.4]# make
```

编译完成后，会在内核的 boot/arch/arm 目录下生成 zImage 文件。这个文件就是内核的镜像文件。经过处理，可以启动，后面会详细介绍。

9）用 U-Boot 启动内核

编译 U-Boot 时在源代码的 tools 目录下会生成一个 mkimage 可执行文件，用这个工具可以对前面编译内核时生成的 zImage 进行处理，以供 U-Boot 启动。

把 mkimage 复制到一个目录下，如内核源码目录，把上面编译生成的 zImage 也复制到该目录下，运行如下命令生成 uImage：

```
./mkimage -A arm -T kernel -C none -O linux -a 0x30008000 -e 0x30008040 -d
   zImage -n 'Linux-2.6.24' uImage
```

这样会在这个目录下生成 uImage，把 uImage 放入主机的 TFTP 目录下，启动开发板，用 U-Boot 的 tftp 命令下载 uImage 到 SDRAM，并启动。U-Boot 中的操作如下：

```
[UP-2410-S #]tftp
NE2000 - eeprom ESA: 08:00:3e:26:0a:5b
TFTP from server 192.168.1.132; our IP address is 192.168.1.131
Filename 'uImage'.
Load address: 0x30008000
Loading:
#################################################################
        ####################################

done
Bytes transferred = 1515312 (171f30 hex)
[UP-2410-S #]
```

然后运行 bootm 启动内核：

```
[UP-2410-S #]bootm
## Booting image at 30008000 ...
   Image Name:    Linux-2.6.24
   Created:       2008-12-03   4:12:23 UTC
   Image Type:    ARM Linux Kernel Image (uncompressed)
   Data Size:     1515248 Bytes = 1.4 MB
   Load Address: 30008000
   Entry Point: 30008040
   Verifying Checksum ... OK
   XIP Kernel Image ... OK

   Starting kernel ...

   Uncompressing
Linux.................................................................
.................... done, booting the kernel.
Linux version  2.6.24.4 (root@vm-dev) (gcc version  3.4.6) #82 Wed Dec   3
```

```
12:12:17 CST 2008
    CPU: ARM920T [41129200] revision 0 (ARMv4T), cr=00007177
    Machine: SMDK2410
    Memory policy: ECC disabled, Data cache writeback
    CPU S3C2410A (id 0x32410002)
    S3C2410: core 202.800 MHz, memory 101.400 MHz, peripheral 50.700 MHz
    S3C24XX Clocks, (c) 2004 Simtec Electronics
    CLOCK: Slow mode (1.500 MHz), fast, MPLL on, UPLL on
    CPU0: D VIVT write-back cache
    CPU0: I cache: 16384 bytes, associativity 64, 32 byte lines, 8 sets
    CPU0: D cache: 16384 bytes, associativity 64, 32 byte lines, 8 sets
    Built 1 zonelists in Zone order, mobility grouping on.  Total
pages: 16256
    Kernel  command  line:  root=/dev/mtdblock3  init=/linuxrc
console=ttySAC0,115200
    irq: clearing pending ext status 00000100
    irq: clearing subpending status 00000002
    PID hash table entries: 256 (order: 8, 1024 bytes)
    timer tcon=00500000, tcnt a509, tcfg 00000200,00000000, usec
00001e4c
    Console: colour dummy device 80x30
    console [ttySAC0] enabled
    Dentry cache hash table entries: 8192 (order: 3, 32768 bytes)
    Inode-cache hash table entries: 4096 (order: 2, 16384 bytes)
    Memory: 64MB = 64MB total
    Memory: 61732KB available (2724K code, 287K data, 124K init)
    Mount-cache hash table entries: 512
    CPU: Testing write buffer coherency: ok
    net_namespace: 64 bytes
    NET: Registered protocol family 16
    S3C2410: Initialising architecture
    S3C24XX DMA Driver, (c) 2003-2004,2006 Simtec Electronics
    DMA channel 0 at c4800000, irq 33
    DMA channel 1 at c4800040, irq 34
    DMA channel 2 at c4800080, irq 35
    DMA channel 3 at c48000c0, irq 36
    NET: Registered protocol family 2
    IP route cache hash table entries: 1024 (order: 0, 4096 bytes)
    TCP established hash table entries: 2048 (order: 2, 16384 bytes)
    TCP bind hash table entries: 2048 (order: 1, 8192 bytes)
    TCP: Hash tables configured (established 2048 bind 2048)
    TCP reno registered
    NetWinder Floating Point Emulator V0.97 (extended precision)
    VFS: Disk quotas dquot_6.5.1
    Dquot-cache hash table entries: 1024 (order 0, 4096 bytes)
    yaffs Dec 3 2008 09:48:21 Installing.
```

```
io scheduler noop registered
io scheduler anticipatory registered (default)
io scheduler deadline registered
io scheduler cfq registered
Console: switching to colour frame buffer device 80x30
fb0: s3c2410fb frame buffer device
Serial: 8250/16550 driver $Revision: 1.90 $ 4 ports, IRQ sharing
enabled
s3c2410-uart.0: s3c2410_serial0 at MMIO 0x50000000 (irq = 70) is a
S3C2410
s3c2410-uart.1: s3c2410_serial1 at MMIO 0x50004000 (irq = 73) is a
S3C2410
s3c2410-uart.2: s3c2410_serial2 at MMIO 0x50008000 (irq = 76) is a
S3C2410
RAMDISK driver initialized: 16 RAM disks of 4096K size 1024
blocksize
loop: module loaded
Board init for AX88796 finished!
AX88796: 16bit, irq 18, c480e200, MAC: 08:00:3e:26:0a:5b
Uniform Multi-Platform E-IDE driver Revision: 7.00alpha2
ide: Assuming 50MHz system bus speed for PIO modes; override with
idebus=xx
block2mtd: version $Revision: 1.30 $
S3C24XX NAND Driver, (c) 2004 Simtec Electronics
s3c2410-nand s3c2410-nand: Tacls=3, 29ns Twrph0=7 69ns, Twrph1=3
29ns
NAND device: Manufacturer ID: 0xec, Chip ID: 0x76 (Samsung NAND
64MiB 3,3V 8-bit)
Scanning device for bad blocks
Creating 4 MTD partitions on "NAND 64MiB 3,3V 8-bit"

    0x00000000-0x00080000 : "Bootloader"
    0x00080000-0x00280000 : "Linux Kernel"
    0x00280000-0x00680000 : "Root File System"
    0x00680000-0x04000000 : "User Space"
    mice: PS/2 mouse device common for all mice
    S3C2410 Watchdog Timer, (c) 2004 Simtec Electronics
    s3c2410-wdt s3c2410-wdt: watchdog inactive, reset disabled, irq
enabled
    TCP cubic registered
    NET: Registered protocol family 1
    RPC: Registered udp transport module.
    RPC: Registered tcp transport module.
    yaffs: dev is 32505859 name is "mtdblock3"
    yaffs: passed flags ""
    yaffs: Attempting MTD mount on 31.3, "mtdblock3"
```

```
VFS: Mounted root (yaffs filesystem).
Freeing init memory: 124K
init started: BusyBox v1.12.2 (2008-12-02 12:07:44 CST)
starting pid 733, tty '': '/etc/init.d/rcS'
cannot open /dev/null


********************************************************************
*              Linux-2.6.24 CRAMFS BOOT                   *
********************************************************************
Please press Enter to activate this console.
```

3. 任务小结

如果移植内核后系统出现异常导致开发板无法正常启动和运行，在 Windows XP 下进行 Linux 系统刻录即恢复到出厂状态。由于要通过 tftp 下载文件，所以需要配置 tftp 的网络 IP，在配置之前打开 img 下的 tftp32.exe 程序。tftp32.exe 打开后会自动寻找到 PC 上网卡的 IP，如果 IP 不正确可以通过 IP 的下拉列表框寻找到本机的 IP，注意一定要保证其显示 IP 为所用 PC 的 IP。不要随意在 tftp32 的 settings 中改变 IP，否则会导致 tftp32 无法正常使用。也可以使用虚拟机 Linux 系统上的 tftp。在提示符下输入 setenv serverip 192.168.1.107，此 IP 为所用 PC 的 IP，再输入 setenv ipaddr 192.168.1.109，此 IP 为所用开发板的 IP。最好输入 saveenv，保存设置，之后就不需要改动了，执行刻录内核的命令，输入 run update_kernel 指令。

任务 4-4　嵌入式 Linux 根文件系统构建

1. 目的与要求

掌握用 Busybox 创建嵌入式 Linux 根文件系统构建的方法，在 Linux 内核移植的基础上制作 Linux 根文件系统，为内核启动的最后步骤——挂载根文件系统，包含：init 进程、Shell、文件系统、网络系统等，为嵌入式系统设备驱动奠定基础，综合应用了嵌入式系统的硬件体系知识和软件开发技术。

2. 操作步骤

（1）解压 busybox-1.12.2.tar.bz2。

```
[root@vm-dev 2410-s]# pwd
/root/2410-s
[root@vm-dev 2410-s]#mkdir rootfs
[root@vm-dev 2410-s]#cd rootfs
[root@vm-dev rootfs]# cp /mnt/hgfs/rootfs/busybox-1.12.0.tar.bz2 ./
[root@vm-dev rootfs]# ls
busybox-1.12.0.tar.bz2
[root@vm-dev rootfs]# tar -vxjf busybox-1.12.2.tar.bz2
[root@vm-dev rootfs]# cd busybox-1.12.2
[root@vm-dev busybox-1.12.2]# pwd
```

```
/root/2410-s/rootfs/busybox-1.12.2
[root@vm-dev busybox-1.12.2]# vi Makefile
[root@vm-dev busybox-1.12.2]#
```

（2）修改 Makefile 中的 ARCH 和 CROSS_COMPILE。

```
CROSS_COMPILE ?= arm-linux-
...
ARCH ?= arm
```

（3）编译 busybox。

① make menuconfig，修改如下并保存退出。

```
[root@vm-dev busybox-1.12.2]# make menuconfig
Busybox Settings --->
    Build Options --->
        [*] Build BusyBox as a static binary (no shared libs)
        //直接编译成静态库，省事点
        (/opt/crosstools/gcc-3.4.6-glibc-2.3.6/bin/arm-linux-)    Cross
Compiler prefix
            //这里和 Makefile 里保持一致，应该写一处就行了
        Installation Options --->
            [ ] Don't use /usr
            //使用 usr 目录
    Busybox Library Tuning --->
    [*]   Fancy shell prompts
    //一定要选上，否则很多转意字符无法识别
    Shells --->
        Choose your default shell (ash) --->
        //这里选择 shell 为 ash，应该是默认选中的
            --- ash
            //把 ash 这档的选项全部选上
    Miscellaneous Utilities  --->
    [ ] inotifyd
    //不选
    Linux Module Utilities  --->
    [ ] Simplified modutils//不选
        [ ]   depmod
    [*]   insmod
        [ ]     Module version checking (NEW)
        [ ]     Add module symbols to kernel symbol table (NEW)
        [ ]     In kernel memory optimization (uClinux only) (NEW)
        [ ]     Enable load map (-m) option (NEW)
        [*]   rmmod
        [*]   lsmod
```

② 运行 make，make install。可以看到如下目录：

```
[root@vm-dev busybox-1.12.2]# ls _install/
bin linuxrc sbin usr
[root@vm-dev busybox-1.12.2]#
```

（4）用 shell 脚本创建根文件系统的目录结构，并在想要建立根文件系统的地方运行此脚本。

```
[root@vm-dev busybox-1.12.2]#cd ../
[root@vm-dev rootfs]# pwd
 /root/2410-s/rootfs
 [root@vm-dev rootfs]#mkdir root_stand
[root@vm-dev rootfs]#cd root_stand
[root@vm-dev root_stand]pwd
/root/2410-s/rootfs/root_stand
[root@vm-dev root_stand]# vi build_fs.sh
 #!/bin/sh
 echo "makeing rootdir"
 mkdir rootfs
cd rootfs

echo "makeing dir: bin dev etc lib proc sbin sys usr"
mkdir bin dev etc lib proc sbin sys usr #8 dirs
mkdir usr/bin usr/lib usr/sbin lib/modules

#Don't use mknod, unless you run this Script as
mknod -m 600 dev/console c 5 1
mknod -m 666 dev/null c 1 3

echo "making dir: mnt tmp var"
mkdir mnt tmp var
chmod 1777 tmp
mkdir mnt/etc mnt/jiffs2 mnt/yaffs mnt/data mnt/temp
mkdir var/lib var/lock var/log var/run var/tmp
chmod 1777 var/tmp

echo "making dir: home root boot"
mkdir home root boot
echo "done"

[root@vm-dev root_stand]#
 执行 build_fs.sh:
 [root@vm-dev root_stand]# sh build_fs.sh
makeing rootdir
makeing dir: bin dev etc lib proc sbin sys usr
making dir: mnt tmp var
making dir: home root boot
Done
```

创建出一个主文件夹 rootfs，里面有一批文件目录：

```
[root@vm-dev root_stand]# cd rootfs/
[root@vm-dev rootfs]# ls
bin boot dev etc home lib mnt proc root sbin sys tmp usr var
[root@vm-dev rootfs]#
```

（5）把 busybox 源码目录下的 etc 中的内容复制到这里的 etc 下。

```
[root@vm-dev rootfs]# cd etc/
[root@vm-dev etc]# ls
[root@vm-dev etc]# cp -a /root/2410-s/rootfs/busybox-1.12.2/examples/
bootfloppy/etc/* ./
[root@vm-dev etc]# ls
fstab init.d inittab profile
[root@vm-dev etc]#
```

（6）修改复制过来的 profile 文件。

```
    [root@vm-dev etc]# vi profile
# /etc/profile: system-wide .profile file for the Bourne shells

echo "Processing /etc/profile"
# no-op

# Set search library path
echo " Set search library path"
export LD_LIBRARY_PATH=/lib:/usr/lib

# Set user path
echo " Set user path"
PATH=/bin:/sbin:/usr/bin:/usr/sbin
export PATH

# Set PS1
echo " Set PS1"
HOSTNAME=`/bin/hostname`
# 此处让 shell 提示符显示 host 名称的。是`，不是'，要注意
# 会在进入根系统后显示 Jacky

export PS1="\\e[32m[$USER@$HOSTNAME \\w\\a]\\$\\e[00;37m "
# 此处\\e[32m 是让后面的"[$USER@$HOSTNAME \\w\\a]"显示为绿色
# \\e[00 是关闭效果
# \\e[05 是闪烁
# 37m 是让后面的显示为白色
# 多个命令可以；号隔开
```

```
echo "All done!"
echo
```

（7）修改初始化文件 inittab 和 fstab。

① 修改初始化文件 inittab。

```
[root@vm-dev etc]# vi inittab
::sysinit:/etc/init.d/rcS
::respawn:-/bin/sh
::restart:/sbin/init

tty2::askfirst:-/bin/sh
::ctrlaltdel:/bin/umount -a -r
::shutdown:/bin/umount -a -r
::shutdown:/sbin/swapoff -a
```

② 修改初始化文件 fstab。

```
    [root@vm-dev etc]# vim fstab
none            /proc       proc      defaults          0 0
none            /dev/pts    devpts    mode=0622         0 0
tmpfs           /dev/shm    tmpfs     defaults          0 0
/dev/mtdblock3  /root       yaffs     defaults          1 1
none            /sys        sysfs     defaults          0 0
tmpfs           /tmp        tmpfs     defaults          0 0
```

（8）修改初始化的脚本文件 init.d/rcS。

```
[root@vm-dev etc]# vi init.d/rcS
#! /bin/sh
echo "Processing etc/init.d/rc.S"

#hostname ${HOSTNAME}
hostname up-tech
/bin/mount -t proc none /proc
/bin/mount -t sysfs none /sys
/bin/mount -t tmpfs -o mode=0755 none /dev
/bin/mkdir /dev/pts
/bin/mkdir /dev/shm
echo " Start mdev...."
/bin/echo /sbin/mdev > proc/sys/kernel/hotplug
mdev -s

echo " Mount all"
/bin/mount -a
echo -n "Setting up interface lo: "

ifconfig lo up 127.0.0.1
```

```
echo -n "Setting up interface eth0: "

ifconfig eth0 up 192.168.1.193
echo "******************************************************"
echo " rootfs for s3c2410"
echo " Created by lyj_uptech @ 2008.11.28"
echo " Good Luck"
echo " www.up-tech.com"
echo "******************************************************"
echo
```

（9）创建一个空的 mdev.conf 文件（在挂载根文件系统时会用）。

```
[root@vm-dev etc]# touch mdev.conf
```

（10）复制 passwd、shadow、group 文件，修改 passwd 文件，把第一行和最后一行的 bash 修改成 ash。

```
[root@vm-dev etc]# cp /etc/passwd .
[root@vm-dev etc]# cp /etc/shadow .
[root@vm-dev etc]# cp /etc/group .
```

（11）把 busybox 默认安装目录中的文件全部复制到这里的 rootfs 中。会发现多了 linuxrc -> bin/busybox 文件，这是挂载文件系统需要执行的。

```
[root@vm-dev etc]#  cd ..
[root@vm-dev rootfs]#  cp -rfv /root/2410-s/rootfs/busybox-1.12.2/_
install/* ./
```

（12）由于以后的实验程序会依赖一些库文件，为了方便，预先将用到的库文件复制到 lib 目录下(lib.tar.bz2 目录)，如下所示：

```
[root@vm-dev rootfs]#cd ../
[root@vm-dev root_stand]#cp /mnt/hgfs/rootfs/lib.tar.bz2 ./
[root@vm-dev root_stand]#tar jxvf lib.tar.bz2
[root@vm-dev root_stand]#cd rootfs/lib
[root@vm-dev lib]#cp ../../lib/* -a -rf ./
```

（13）制作 cramfs 的文件系统。

```
[root@vm-dev lib]#  cd ../../
[root@vm-dev root_stand2]#  ls
build.sh lib lib.tar.bz2 rootfs
[root@vm-dev root_stand]#  mkcramfs rootfs/ root.cramfs
[root@vm-dev root_stand2]#  cp root.cramfs /tftpboot
```

（14）测试（注意：前提是已刻录好 uboot 和内核镜像）。

① 开启 Windows 的 tftp 服务器，设置环境变量，保证开发板和 Windows 在同一网段且开发板 tftp 服务器的 IP 为 Windows 的 IP。

```
[class2410 #] setenv serverip 192.168.1.126
[class2410 #] setenv ipaddr 192.168.1.129
[class2410 #] saveenv
Saving Environment to NAND...
Erasing Nand...Writing to Nand... Done
```

② 下载并刻录到 nand flash 文件系统对应的分区中。

```
[class2410 #]tftp 0x30008000 root.cramfs
[class2410 #]nand erase 0x280000 0x400000
[class2410 #]nand write 0x30008000 0x280000 0x300000
```

③ 设置启动参数。

```
[up-class2410  #]  setenv  bootcmd  nand  read  0x30008000  0x80000
0x200000\; bootm
```

此项是内核自动启动的参数，如果已设置就不用再重新设置。

```
[class2410  #]  setenv  bootargs  root=/dev/mtdblock2  init=/linuxrc
console=ttySAC0,115200
[class2410 #] saveenv
Saving Environment to NAND...
Erasing Nand...Writing to Nand... done
[class2410 #] printenv
bootdelay=5
baudrate=115200
ethaddr=08:00:3e:26:0a:5b
bootfile="uImage"
stdin=serial
stdout=serial
stderr=serial
filesize=26D000
fileaddr=30008000
netmask=255.255.255.0
ipaddr=192.168.1.129
serverip=192.168.1.126
bootcmd=nand read 0x30008000 0x80000 0x200000; bootm
bootargs=root=/dev/mtdblock2 init=/linuxrc console=ttySAC0,115200
Environment size: 332/16380 bytes
```

④ 重启开发板，启动目标板，串口输出显示根文件系统已经加载成功：

```
[class2410 #]reset
U-Boot 1.3.2 (Nov 27 2016 - 17:43:03)


DRAM:  64 MB
Flash: 512 kB
NAND:  64 MiB
In:    serial
Out:   serial
Err:   serial
Found DM9000 ID:90000a46 at address 10000000 !
DM9000 work in 16 bus width
bd->bi_entaddr: 08:00:3e:26:0a:5b
[eth_init]MAC:8:0:3e:26:a:5b:
Hit any key to stop autoboot: 0


NAND read: device 0 offset 0x80000, size 0x1b0000
 1769472 bytes read: OK
## Booting image at 30008000 ...
   Image Name:   Linux-2.6.24.4
   Created:      2016-11-27   7:24:11 UTC
   Image Type:   ARM Linux Kernel Image (uncompressed)
   Data Size:    1697964 Bytes = 1.6 MB
   Load Address: 30008000
   Entry Point:  30008040
   Verifying Checksum ... OK
test:hdr->ih_type:2
test:hdr->ih_comp:0
   XIP Kernel Image ... OK
test:hdr->ih_type:2
test:hdr->ih_os:5


Starting kernel ...


test:machid:805306624
test: bi_boot_params:0x33f5bfb8
test:starting 1
Uncompressing
Linux.....................................................................
.............................. done, booting the kernel.
   Linux version 2.6.24.4 (root@vm-dev) (gcc version 3.4.6) #94 Thu Nov
27 10:02:26 CST 2008
   CPU: ARM920T [41129200] revision 0 (ARMv4T), cr=00007177
```

```
Machine: SMDK2410
Memory policy: ECC disabled, Data cache writeback
CPU S3C2410A (id 0x32410002)
S3C2410: core 202.800 MHz, memory 101.400 MHz, peripheral 50.700 MHz
S3C24XX Clocks, (c) 2004 Simtec Electronics
CLOCK: Slow mode (1.500 MHz), fast, MPLL on, UPLL on
CPU0: D VIVT write-back cache
CPU0: I cache: 16384 bytes, associativity 64, 32 byte lines, 8 sets
CPU0: D cache: 16384 bytes, associativity 64, 32 byte lines, 8 sets
Built 1 zonelists in Zone order, mobility grouping on.  Total pages:
16256
Kernel command line: root=/dev/nfs rw nfsroot=192.168.1.152:/opt/develop/
lyj/common/porting/rootfs/root_stand/reset/rootfs
ip=192.168.1.155:192.168.1.152:192.168.1.254:255.255.255.0:Jacky:eth0:off
console=ttySAC0,115200 init=/linuxrc noinitrd
irq: clearing subpending status 00000002
PID hash table entries: 256 (order: 8, 1024 bytes)
timer tcon=00500000, tcnt a509, tcfg 00000200,00000000, usec 00001e4c
Console: colour dummy device 80x30
console [ttySAC0] enabled
Dentry cache hash table entries: 8192 (order: 3, 32768 bytes)
Inode-cache hash table entries: 4096 (order: 2, 16384 bytes)
Memory: 64MB = 64MB total
Memory: 61324KB available (3088K code, 316K data, 132K init)
Mount-cache hash table entries: 512
CPU: Testing write buffer coherency: ok
net_namespace: 64 bytes
NET: Registered protocol family 16
S3C2410 Power Management, (c) 2004 Simtec Electronics
S3C2410: Initialising architecture
S3C24XX DMA Driver, (c) 2003-2004,2006 Simtec Electronics
DMA channel 0 at c4800000, irq 33
DMA channel 1 at c4800040, irq 34
DMA channel 2 at c4800080, irq 35
DMA channel 3 at c48000c0, irq 36
SCSI subsystem initialized
usbcore: registered new interface driver usbfs
usbcore: registered new interface driver hub
usbcore: registered new device driver usb
NET: Registered protocol family 2
IP route cache hash table entries: 1024 (order: 0, 4096 bytes)
TCP established hash table entries: 2048 (order: 2, 16384 bytes)
```

TCP bind hash table entries: 2048 (order: 1, 8192 bytes)

TCP: Hash tables configured (established 2048 bind 2048)

TCP reno registered

NetWinder Floating Point Emulator V0.97 (double precision)

yaffs Nov 27 2008 09:58:27 Installing.

io scheduler noop registered

io scheduler anticipatory registered (default)

io scheduler deadline registered

io scheduler cfq registered

Console: switching to colour frame buffer device 80x30

fb0: s3c2410fb frame buffer device

lp: driver loaded but no devices found

ppdev: user-space parallel port driver

Serial: 8250/16550 driver $Revision: 1.90 $ 4 ports, IRQ sharing enabled

s3c2410-uart.0: s3c2410_serial0 at MMIO 0x50000000 (irq = 70) is a S3C2410

s3c2410-uart.1: s3c2410_serial1 at MMIO 0x50004000 (irq = 73) is a S3C2410

s3c2410-uart.2: s3c2410_serial2 at MMIO 0x50008000 (irq = 76) is a S3C2410

RAMDISK driver initialized: 16 RAM disks of 4096K size 1024 blocksize

loop: module loaded

DM9000: dm9k_init_module

Board init for dm9000a finished!

<DM9KS> I/O: c480e000, VID: 90000a46

eth0: at 0xc480e000 IRQ 18

eth0: Ethernet addr: 08:00:3e:26:0a:5b

Uniform Multi-Platform E-IDE driver Revision: 7.00alpha2

ide: Assuming 50MHz system bus speed for PIO modes; override with idebus=xx

Driver 'sd' needs updating - please use bus_type methods

S3C24XX NAND Driver, (c) 2004 Simtec Electronics

s3c2410-nand s3c2410-nand: Tacls=3, 29ns Twrph0=7 69ns, Twrph1=3 29ns

NAND device: Manufacturer ID: 0xec, Chip ID: 0x76 (Samsung NAND 64MiB 3,3V 8-bit)

NAND_ECC_NONE selected by board driver. This is not recommended !!

Scanning device for bad blocks

Creating 4 MTD partitions on "NAND 64MiB 3,3V 8-bit":

0x00000000-0x00080000 : "Boot Agent"

0x00080000-0x00280000 : "S3C2410 kernel"

0x00280000-0x00680000 : "S3C2410 rootfs"

```
0x00680000-0x04000000 : "user"
usbmon: debugfs is not available
116x: driver isp116x-hcd, 03 Nov 2005
s3c2410-ohci s3c2410-ohci: S3C24XX OHCI
s3c2410-ohci  s3c2410-ohci:  new  USB  bus  registered,  assigned  bus
number 1
s3c2410-ohci s3c2410-ohci: irq 42, io mem 0x49000000
usb usb1: configuration #1 chosen from 1 choice
hub 1-0:1.0: USB hub found
hub 1-0:1.0: 2 ports detected
Initializing USB Mass Storage driver...
usbcore: registered new interface driver usb-storage
USB Mass Storage support registered.
mice: PS/2 mouse device common for all mice
s3c2410 TouchScreen successfully loaded
input: s3c2410 TouchScreen as /class/input/input0
S3C24XX RTC, (c) 2004,2006 Simtec Electronics
s3c2410-rtc s3c2410-rtc: rtc disabled, re-enabling
s3c2410-rtc s3c2410-rtc: rtc core: registered s3c as rtc0
i2c /dev entries driver
s3c2410-i2c s3c2410-i2c: slave address 0x10
s3c2410-i2c s3c2410-i2c: bus frequency set to 99 KHz
s3c2410-i2c s3c2410-i2c: i2c-0: S3C I2C adapter
S3C2410 Watchdog Timer, (c) 2004 Simtec Electronics
s3c2410-wdt  s3c2410-wdt:  watchdog  inactive,  reset  disabled,  irq
enabled
TCP cubic registered
NET: Registered protocol family 1
RPC: Registered udp transport module.
RPC: Registered tcp transport module.
s3c2410-rtc s3c2410-rtc: hctosys: invalid date/time
IP-Config: Complete:
     device=eth0,         addr=192.168.1.155,         mask=255.255.255.0,
gw=192.168.1.254,
     host=Jacky, domain=, nis-domain=(none),
     bootserver=192.168.1.152, rootserver=192.168.1.152, rootpath=
Looking up port of RPC 100003/2 on 192.168.1.152
Looking up port of RPC 100005/1 on 192.168.1.152
VFS: Mounted root (nfs filesystem).
Freeing init memory: 132K
init started: BusyBox v1.12.2 (2016-11-27 14:55:55 CST)
starting pid 785, tty '': '/etc/init.d/rcS'
Processing etc/init.d/rc.S
```

```
    Mount all
    Start mdev....

    Please press Enter to activate this console.
    starting pid 790, tty '': '-/bin/sh'

    Processing /etc/profile... Done

    Processing /etc/profile
     Set search library path
     Set user path
     Set PS1
    All done!

    [root/]# ls
    bin     dev     home    linuxrc    proc    sbin    tmp    var
    boot    etc     lib     mnt        root    sys     usr
    [root@up-tech /]#
```

3. 任务小结

这里需要注意的是此文件系统是一个最简单的文件系统，目的是让读者熟悉一下制作文件系统的流程。情况不同，文件系统不一样。如果按上述步骤制作的文件系统有问题则需要恢复，执行刻录根文件系统的命令，输入 run update_rootfs 指令就可以了。

任务 4-5 仿真月球车测温测距避障控制

1. 目的与要求

本项目基于三星 S3C2440 16/32 位 RISC 处理器专门针对仿真月球车测温测距避障控制开发实现,系统由核心控制板系统、驱动底板、任务板组成。核心控制板系统 CPU 是 SamSungS3C2440A，主频为 400 MHz，最高 533 MHz，实现总体系统的控制。驱动底板的任务是：进行信号转换最终控制电动机；电源电压转换，将电池 11 V 左右的电压转换成各个模块工作电压；各种接口的扩展。任务板主要有两个功能：一个是超声波测距；另一个带 I^2C 总线的 LM75 测温。AT89S52 单片机主要完成的功能是超声波测距，并把数据挂到 I^2C 总线上，程序已下载到单片机中，直接接上 LCD1602 即可使用。温度测量部分是自带的 I^2C 总线，挂在了同一总线上，通过 ARM2440 开发板上的 I^2C 功能接到任务板上 I^2C 接口上即可对任务板上超声波数据和温度数据读回。软件通过 Linux +C 来实现。

2. 操作步骤

1）硬件电路设计
（1）红外测温原理图如图 4.14 所示。
（2）红外测距原理图如图 4.15 所示。

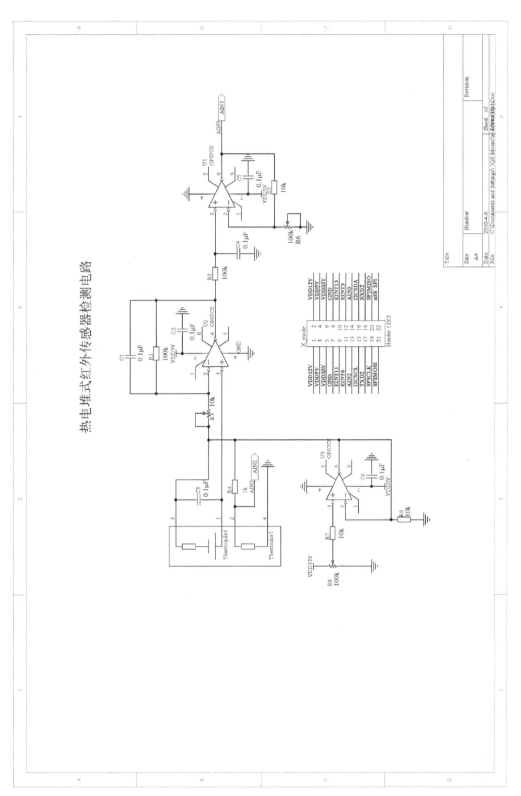

图 4.14　红外测温原理图

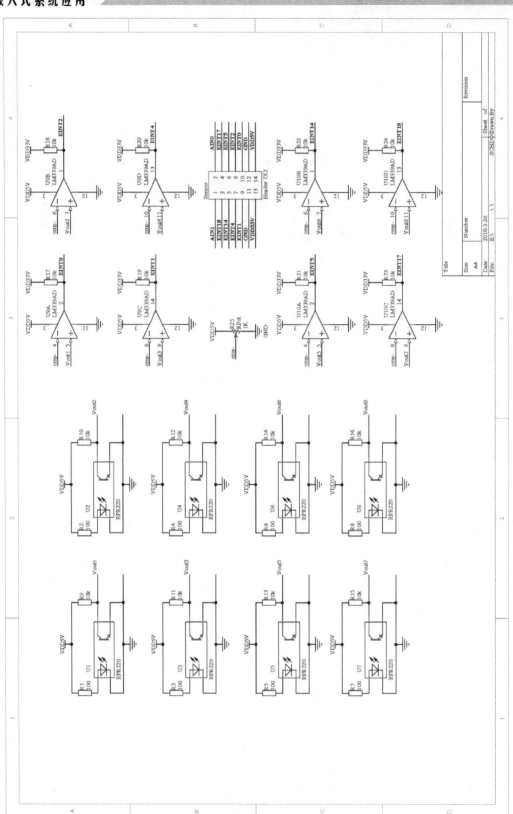

图 4.15 红外测距原理图

（3）硬件连接图：X_mode，扩展板接口主要用于连接测温、测距的传感器电路板，如图 4.16 所示。

X mode

VDD12V	1	2	VDD12V
VDD5V	3	4	VDD5V
VDD33V	5	6	VDD33V
GND	7	8	GND
EINT11	9	10	EINT13
EINT6	11	12	EINT3
AIN2	13	14	AIN3
I2CSCL	15	16	I2CSDA
TXD2	17	18	RXD2
SPICLK	19	20	SPIMISO
SPIMOSI	21	22	nSS_SPI

Header 11X2

图 4.16　硬件连接图

（4）红外传感器接口如图 4.17 所示。

Sensor

VDD5V	1	2	VDD33V
GND	3	4	GND
EINT0	5	6	EINT1
EINT2	7	8	EINT4
EINT5	9	10	EINT8
EINT14	11	12	EINT17
AIN0	13	14	AIN1

Header 7X2

图 4.17　红外传感器接口

（5）任务板实物图如图 4.18 所示。

图 4.18　任务板实物图

任务板主要有两个功能：一个是测距；另一个是带 I²C 总线的 LM75 测温。LM75 温度传感器包含一个 Δ-Σ 模数转换器和一个数字过热检测器。主机可通过器件的 I²C 接口随时查询 LM75，读取温度数据。当超出设置的温度门限时，漏极开路的过热输出（OS）吸收电流。OS 输出具有两种工作模式：比较器模式和中断模式。主机控制报警触发门限（TOS）和滞回温度（THYST），低于滞回温度时报警条件无效。另外，主机还可读取 LM75 的 TOS 和 THYST 寄存器。LM75 的地址由三个引脚设置，允许多个器件工作在同一总线上。器件上电时进入比较器模式，默认条件下 TOS=+80 ℃且 THYST=+75 ℃。3.0～5.5 V 的电源电压范围、低电源电流及 I²C 接口使得 LM75 非常适合需要热管理和热保护的多种应用。

2）程序设计

（1）程序流程图如图 4.19 所示。

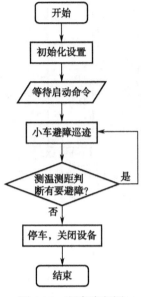

图 4.19　程序流程图

（2）源程序（即主程序 Taskpad.c）如下。

```
#include<stdio.h>
#include<stdlib.h>
#include<unistd.h>
#include<sys/ioctl.h>
#include <string.h>
#include <sys/types.h>
#include <netinet/in.h>
#include <sys/socket.h>
#include <errno.h>
#include <arpa/inet.h>
#include <fcntl.h>
#include <sys/stat.h>
#include <sys/mman.h>
#include <linux/fb.h>
#include <sys/wait.h>
#include <pthread.h>
#include <time.h>
#include <termios.h>
#include <sys/select.h>
#define SERVPORT 5000                /*服务器监听端口号*/
#define BACKLOG 10                   /* 最大同时连接请求数*/
#define MAXDATASIZE 128              /*每次最大数据传输量*/
char mbuf[2];
```

```c
char tbuf[2];
char buf[2];
int fd_i2c;
volatile int time_threa_over = 0;
volatile int times = 0;
volatile int send_times = 0;
volatile int stop_go = 0;
pthread_t id1;
pthread_t id2;
int sockfd = 0;
int client_fd = 0;
int sin_size = 0;
int recvbytes = 0;
/* 定时发送小车数据*/
void time_thread(void)
{
 for(;;){
   if(time_threa_over)
    break;
   usleep(100000);

   //printf("wifi %d", times++);

   if(times++ > 2){                          //如果没有刷新则停止
    setSpeed(0,0);
      }

   ioctl(fd_i2c,0xff,0x41);
   read (fd_i2c, mbuf, 2);
   printf("Distance = %d.%d cm\n", mbuf[0],mbuf[1]);
   //...................LM75A...................................
   mbuf[1]=0x0;
   ioctl(fd_i2c,0x01,0x90);
   write(fd_i2c, &mbuf[1],1);
   ioctl(fd_i2c,0x00,0x90);
   write(fd_i2c, &mbuf[1],1);
   ioctl(fd_i2c,0xff,0x91);
   read (fd_i2c, &mbuf[1], 1);
   printf("Temp = %d \n\n", mbuf[1]);
   if(send_times ++ > 3){
    send_times = 0;
    send(client_fd, tbuf, 2, 0);
   }
  }
 }
```

```
   int main()
   {
    char buf[MAXDATASIZE];
    usleep(500000);
    usleep(500000);
    usleep(500000);
    usleep(500000);
    usleep(500000);

    printf("wifi car init conpass data %s \n", __DATE__);

if((fd_i2c=open("/dev/s3c2410_I2C", O_RDWR))==0){
 printf("s3c2410_I2C no loading!\n");
 exit(0);
}else{
 printf("s3c2410_I2C loaded!\n");
}

fd_pwm=open("/dev/bkrc_PWM",0);              //打开 PWM 驱动
if(fd_pwm<0){
 printf("fd_pwm no loading!\n");
 exit(0);
}else{
 printf("fd_pwm loaded!\n");
}
init_Pwm();
time_thread();
 for(;;){
  times = 0;
  buf[recvbytes] = '\0';
  printf("Received: %d %s\n", recvbytes, buf);
    if(buf[0]=='G'){
    if(stop_go){
  printf("stop_go - sss");
  setSpeed(0,0);
 }else{
  printf("stop_go - ggg");
  setSpeed(0,0);
  setSpeed(200,200);
  }
  continue;
 }
  if(buf[0]=='R'){setSpeed(0,0);setSpeed(200,-200);continue;}
if(buf[0]=='L'){setSpeed(0,0);setSpeed(-200,200);continue;}
//if(buf[0]=='G'){setSpeed(0,0);setSpeed(200,200);continue;}
```

```
if(buf[0]=='B'){setSpeed(0,0);setSpeed(-200,-200);continue;}
if(buf[0]=='S'){setSpeed(0,0);continue;}
if(buf[0]=='O'){setSpeed(0,0);break;}
}
}
```

3）程序代码编辑、调试及运行

（1）编辑 control_car.c 主程序：

```
#vi control_car.c
```

（2）编辑 makefile 文件：

```
# vi makefile
Taskpad: Taskpad.c
arm-linux-gcc Taskpad.c -Wall -O2 -o Taskpad -lpthread
clean:
rm Taskpad
```

（3）用 arm_linux 交叉编译程序：

```
# make
```

（4）修改编译成功的文件权限：

```
# chmod 777 Taskpad
```

（5）运行可执行文件：

```
# ./Taskpad
```

4）刻录可执行文件

一般通过 NFS 直接运行检测结果，在此基础上通过文件复制命令将可执行文件下载到目标板。

```
#mount -t nfs -o nolock 192.168.1.95:/home/mytech/  mnt/
```

将 IP 为 192.168.12.95 的 fedora 主机上的/home/mytech NFS 共享目录，以 NFS 共享的方式挂载到开发板的/mnt/udisk 目录下，挂载成功后可以通过 ls 命令查看挂载之后的目录。

```
#cd /mnt
#./ control_car  //在目标板上测试可执行文件
#cp control_car /etc/rc.d/init.d/    // 刻录可执行文件到目标板上
/etc/rc.d/init.d 目录中
```

设置开机自动运行程序：启动脚本可以设置各种程序开机后自动运行，这点有些类似Windows 系统中的 Autobat 自动批处理文件，启动脚本在开发板的/etc/init.d/rcS 文件中，在该文件脚本添加如下内容，程序在开机后自动运行，就像在超级终端输入命令后的结果一样，如在脚本最后一行加上 /etc/rc.d/init.d/Taskpad start，就在开机后直接运行

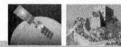
/etc/rc.d/init.d/Taskpad 目录下的 Taskpad 可执行文件。

3. 任务小结

仿真月球车测温测距避障控制项目是一个综合性的项目，涉及的知识点多并且有一定的难度，建议模仿消化。最好在学习本项目之前进行相关的资料收集，做到心中有数，利用实验平台坚持不懈地修改测试，实现从模仿到创新的质变。

拓 展 提 高

项目 4 中仿真月球车的控制是通过计算机程序来实现的，编写好程序后仿真月球车就按程序运行，有没有可能通过人体的姿态来控制呢？Kinect 技术填补了这一空白，将嵌入式技术和 Kinect 技术结合起来实现人的手势控制仿真月球车是本项目知识的拓展。"Kinect"为根据 kinetics（动力学）和 connection（连接）两字所自创的新词汇。Kinect for Xbox 360Kinect，是由微软开发的，应用于 Xbox 360 主机的周边设备。它让玩家不需要手持或踩踏控制器，而是使用语音指令或手势来操作 Xbox 360 的系统界面。它能捕捉玩家全身上下的动作，用身体来进行游戏，带给玩家"免控制器的游戏与娱乐体验"。

2009 年 6 月 1 日微软于 E3 游戏展中公布名为"Project Natal"（诞生计划）的感应器，2010 年的 E3 电玩展中，微软宣布 Project Natal 的正式名称为"Kinect"，2012 年 2 月 1 日，微软正式发布面向 Windows 系统的 Kinect 版本"Kinect for Windows"，建议售价 249 美元。

1. Kinect 的构成

Kinect 的口号就是"你的身体就是控制器"。Kinect 的构成就是一个摄像头。Kinect 摄像头除了具有标准的摄像功能之外，还具备有 3D 深度感应器、多阵列麦克风与可以自动捕捉焦点转动的可动式支架。在技术上就是同时利用影像辨识与 3D 深度感应，捕捉玩家在空间中的位置与动作。与 Wii 或 PS Move 利用控制器的移动来推算玩家动态不同，Kinect 直接捕捉玩家本身的肢体动作。Kinect 的感应技术不仅针对身体，也能对语音进行分析，从而通过语音执行命令，这种命令不仅仅用在游戏中，也可以用在其他多媒体娱乐中。Kinect 包含了双 RGB 摄像头，主要用于面部识别和全身动作追踪；一个深度传感器，主要用于识别 3D 空间（PS3 和 Wii 都是推算而非识别），由一个红外投影机和 CMOS 传感器组成；此外 Kinect 还拥有 4 组麦克风，用于声音解析。下面简单来了解一下 Kinect 的工作方式。

首先是动态追踪部分，Kinect 透过镜头实时捕捉使用者的动作，之后会解析相对应的指令给主机。透过内建的深度传感器发出主动式镭射光，在可扫描的范围内判断用户位置，同时针对所有对象进行景深识别，以不同颜色分别标示不同对象与 Kinect 之间的距离。当标示完成后，Kinect 会再针对用户身体部分与背景对象作区隔，透过图像识别系统正确判断用户的体态，即使使用者的衣服或头发，也会被 Kinect 正确识别为"正常人体状态"，并用于游戏软件的应用。

而在声音解析部分，Kinect 的麦克风会收集所有环境声音，再通过 Kinect 内部处理芯片过滤掉环境噪声等不需要的声音内容，接着会经过一组名为"Beam Forming"的程序配合镜头识别用户的正确位置，将语音识别的范围"锁定"在使用者身上，这样就不会识别到其他使用者所发出的声音。微软在 Kinect 中建立了所谓的"声音模型"，特别请来各国演员进行数百小时的语音录制，好让 Kinect 能应对各个国家特有口音的辨识。声音辨识部分与体态辨识是随时进行的，用户随时可以通过 Kinect 下达语音指令，而无须通过按键进行操作。

Kinect 的构成如图 4.20 所示。

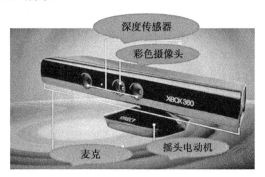

图 4.20　Kinect 的构成

Kinect 各部件效果图如图 4.21 所示。

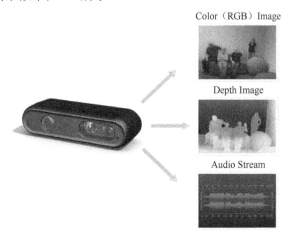

图 4.21　Kinect 各部件效果图

Kinect 架构图如图 4.22 所示。

Light Coding 技术理论上利用连续光（近红外线）对测量空间进行编码，经传感器读取编码的光线，交由芯片运算进行译码后，产生成一张具有深度的图像。Light Coding 技术的关键是 Laser Speckle 雷射光散斑，当雷射光照射到粗糙物体或穿透毛玻璃后，会形成随机的反射斑点，称之为散斑。散斑具有高度随机性，也会随着距离而变换图案，空间中任何两处的散斑都有不同的图案，等于将整个空间加上了标记，所以任何物体进入该空间或移动时，都可确切记录物体的位置。Light Coding 发出雷射光对测量空间进行编码，就是指产生散斑。

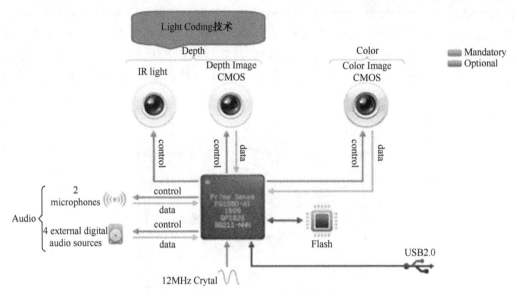

图 4.22　Kinect 架构图

　　Kinect 就是以红外线发出人眼看不见的 class 1 雷射光，透过镜头前的 diffuser（光栅、扩散片）将雷射光均匀投射在测量空间中，再透过红外线摄影机记录下空间中的每个散斑，获取原始数据后，再透过芯片计算成具有 3D 深度的图像，如图 4.23 所示。

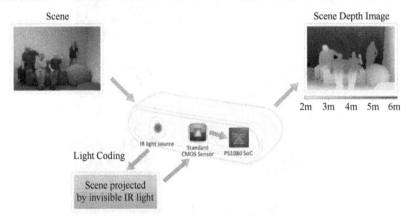

图 4.23　3D 深度的图像

　　另一个关键技术是骨骼跟踪技术，如图 4.24 所示。

　　Kinect 将侦测到的 3D 深度图像转换到骨架追踪系统。该系统最多可同时侦测到 6 个人，包含同时辨识 2 个人的动作；每个人共可记录 20 组细节，躯干、四肢及手指等都是追踪的范围，达成全身体感操作。为了看懂使用者的动作，微软也用上了机器学习技术（Machine Learning），建立庞大的图像数据库，形成智慧辨识能力，尽可能理解使用者的肢体动作所代表的含义。Kinect 采用分割策略将人体从背景环境中区分出来，即从噪声中提取出有用信号。

 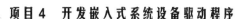

图 4.24　骨骼跟踪技术

Kinect 可以主动追踪最多两个玩家的全身骨架，或者被动追踪最多四名玩家的形体和位置。在这一阶段，为每个被追踪的玩家在景深图像中创建了所谓的分割遮罩，这是一种将背景物体（如椅子和宠物等）剔除后的景深图像。在后面的处理流程中仅传送分割遮罩的部分，以减小体感计算量。Kinect 最多可以追踪 20 个骨骼点，而且目前只能追踪人体，其他物体或动物就无能为力了，如图 4.25 所示。

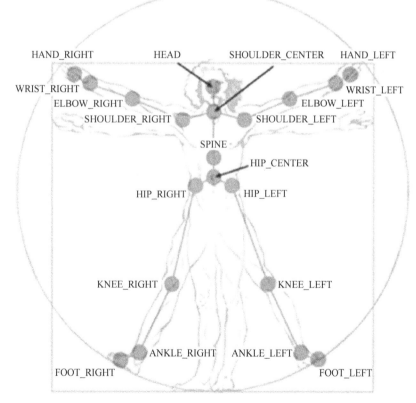

图 4.25　人体骨骼跟踪

深度图（距离越远像素亮度越暗，反之越亮）如图 4.26 所示。

图 4.26　深度图

2. 程序代码分析（彩色图像获取）

```
void sensor_ColorFrameReady(AllFramesReadyEventArgs e)
{
using (ColorImageFrame colorFrame = e.OpenColorImageFrame())
{
if (colorFrame == null)
{
return;
}
//把图像映射到图像框上去
ColorImage.Source = colorFrame.ToBitmapSource();

if (_saveColorFrame)
{
            //保存图像
colorFrame.ToBitmapSource().Save(DateTime.Now.ToString("yyyyMMddHHmm-
ss") + "_color.jpg", ImageFormat.Jpeg);
            _saveColorFrame = false;
  }
 }
}
深度图像获取
void sensor_DepthFrameReady(AllFramesReadyEventArgs e)
{
using (DepthImageFrame depthFrame = e.OpenDepthImageFrame())
{
//深度信息本身是深度传感器的数据数组，不是图像，所以需要转化；
```

```
var depthArray = depthFrame.ToDepthArray();
            //获取图像中心位置的距离;
    MidPointDistanceViaGetDistanceText.Text                        =
depthFrame.GetDistance(depthFrame.Width/2, depthFrame.Height/2).ToString();
    //将给距离在minDistance之间的深度像素标记红色
    DepthImageWithMinDistance.Source                               =
depthArray.ToBitmapSource(depthFrame.Width,    depthFrame.Height,_minDistance,
Colors.Red);
    //图像化
    DepthImage.Source = depthFrame.ToBitmapSource();
     }
    }
```

查找被追踪到的骨骼:

```
SkeletonFrame allSkeletons = e.SkeletonFrame;
 SkeletonData skeleton = (from s in allSkeletons.Skeletons
                where s.TrackingState == SkeletonTrackingState.Tracked
                select s).FirstOrDefault();
```

在 SkeletonData 对象的 Joints 属性集合中保存了所有骨骼点的信息。每个骨骼点的信息都是一个 Joint 对象，其中 Position 的 X、Y、Z 表示了三维位置。X 和 Y 的范围都是-1 到 1，而 Z 是 Kinect 到识别物体的距离。

可以用下面的代码将 Joint 的位置缩放到合适的比例:

```
Joint j = skeleton.Joints[JointID.HandRight].ScaleTo(640, 480, .5f, .5f);
```

最后两个参数为原始大小的最大值和最小值，上面的语句相当于将-0.5~0.5 的范围扩大为 0~640 的范围。

封装了一个函数，将获取到的 SkeletonData 数据转换为屏幕上的某一个圆圈:

```
private void SetEllipsePosition(FrameworkElement ellipse, Joint joint)
    {
        var scaledJoint = joint.ScaleTo(640, 480, .5f, .5f);
        Canvas.SetLeft(ellipse, scaledJoint.Position.X);
        Canvas.SetTop(ellipse, scaledJoint.Position.Y);
    }
void nui_SkeletonFrameReady(object sender, SkeletonFrameReadyEventArgs e)
{
    SkeletonFrame allSkeletons = e.SkeletonFrame;
    SkeletonData skeleton = (from s in allSkeletons.Skeletons
            where s.TrackingState == SkeletonTrackingState.Tracked
            select s).FirstOrDefault();
    SetEllipsePosition(headEllipse, skeleton.Joints[JointID.Head]);
    SetEllipsePosition(leftEllipse, skeleton.Joints[JointID.HandLeft]);
    SetEllipsePosition(rightEllipse, skeleton.Joints[JointID.HandRight]);
    SetEllipsePosition(KneeLeftEllipse, skeleton.Joints[JointID.KneeLeft]);
```

```
    SetEllipsePosition(KneeRightEllipse, skeleton.Joints[JointID.KneeRight]);
}
```

程序运行效果图如图 4.27 所示。

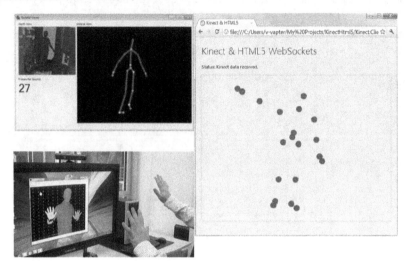

图 4.27　程序运行效果图

思考与练习题 4

4.1　选择题

（1）块设备和字符设备以设备文件的方式建立在文件系统中的（　　）目录下，而且每个设备都有一个主设备号和一个次设备号。

A．/dev　　　　　　B．/etc　　　　　　C．/home　　　　　　D．lib

（2）Bootloader 是一段可执行程序，完成的主要功能是将可执行文件搬移到内存中，然后将控制权交给这段可执行文件，这段可执行文件一般是（　　）。

A．应用程序　　　　B．操作系统　　　　C．C 语言程序　　　D．汇编语言程序

（3）在嵌入式系统 Linux 开发环境下查看各个设备的设备类型、主从设备号使用（　　）命令来实现。

A．mv/dev　　　　　B．vi/dev　　　　　C．ls -l/dev　　　　D．ls/dev

4.2　问答题

（1）简述嵌入式系统设备驱动的概念。
（2）简述 Linux 内核版本信息 2.6.26 的含义。
（2）简述嵌入式系统 Linux 内核移植基本流程。

4.3　实验题

掌握嵌入式系统设备驱动开发，完成任务 4-1～任务 4-5。

参 考 文 献

[1] 韩少云. ARM 嵌入式系统移植实战开发. 北京：北京航空航天大学出版社，2012.

[2] 马小陆. 基于 ARM9 的嵌入式 Linux 系统开发原理与实践（高职）. 西安：西安电子科技大学出版社，2011.

[3] 丁文龙. ARM 嵌入式系统基础与开发教程. 北京：北京大学出版社，2010.

[4] 俞辉. ARM 嵌入式 Linux 系统设计与开发. 北京：机械工业出版社，2010.

[5] 赵宏. 嵌入式系统应用. 北京：人民邮电出版社，2012.

[6] 黄宏程. Android 移动应用设计与开发. 北京：人民邮电出版社，2012.